博碩文化

U0099615

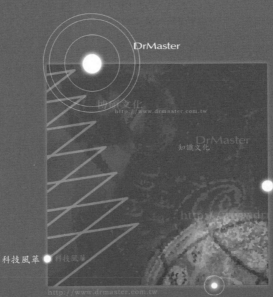

DrMaster

博碩文化
http://www.drmaster.com.tw

DrMaster

知識文化

知識文化

科技風華　科技風華

http://www.drmaster.com.tw

深度學習資訊新領域

DrMaster

深度學習資訊新領域

博碩文化

好評
回饋版

圖說
演算法
使用Python

第二版

吳燦銘、胡昭民 著

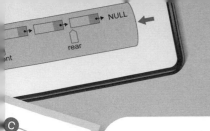

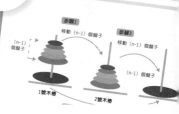

零負擔理解演算法設計技巧．零程式基礎也能快速上手

採高CP值Python語言實作程式

豐富圖例闡述基礎， 將演算法做最簡明的 詮釋及舉例	配合實作程式碼， 將各種演算法應用 在程式設計的領域	加入實戰安全性演算法 與人工智慧的 相關演算法	設計難易適中的習題， 並參閱國家考試題型， 提供進一步演練
強化程式設計邏輯	演算法最佳首選	完善科學領域重點	驗收學習成果

作　　者：吳燦銘、胡昭民
編　　輯：Cathy、魏聲圩

董 事 長：曾梓翔
總 編 輯：陳錦輝

出　　版：博碩文化股份有限公司
地　　址：221 新北市汐止區新台五路一段 112 號 10 樓 A 棟
　　　　　電話 (02) 2696-2869　傳真 (02) 2696-2867

發　　行：博碩文化股份有限公司
郵撥帳號：17484299　戶口：博碩文化股份有限公司
博碩網站：http://www.drmaster.com.tw
讀者服務信箱：dr26962869@gmail.com
訂購服務專線：(02) 2696-2869 分機 238、519
（週一至週五 09:30 ～ 12:00；13:30 ～ 17:00）

版　　次：2024 年 5 月四版一刷

本書如有破損或裝訂錯誤，請寄回本公司更換

建議零售價：新台幣 500 元
Ｉ Ｓ Ｂ Ｎ：978-626-333-865-4
律師顧問：鳴權法律事務所 陳曉鳴律師

國家圖書館出版品預行編目資料

圖說演算法：使用 Python/ 吳燦銘 , 胡昭民著 .
-- 四版 . -- 新北市：博碩文化股份有限公司，
2024.05
　面；　公分

ISBN 978-626-333-865-4 (平裝)

1.CST: Python (電腦程式語言) 2.CST: 演算法

312.32P97　　　　　　　　　113006651

Printed in Taiwan

博碩粉絲團　歡迎團體訂購，另有優惠，請洽服務專線
(02) 2696-2869 分機 238、519

當寫程式語言已經是越來越來普及的課程，讓人人擁有程式設計實作能力，已是各學校資訊教育的首要重點。演算法一直是電腦科學領域非常重要的基礎課程，從程式語言實作的角度，確實是有志從事資訊工作的專業人員，不得不重視的一門基礎理論。不論你採用哪一種程式語言寫程式，所設計的程式能否快速而有效率的完成預定的任務，演算法絕對佔了十分重要的關鍵。

　　市面上許多演算法的書籍，常會介紹大量的理論或是在書上舉例子去表達演算法的核心觀念，雖然有些書籍寫作的筆法輕鬆，能幫助使用者對各種演算法的核心概念有基礎的理解，但是這類書籍缺乏完整程式語言的實作範例，對於第一次接觸演算法的初學者來說，在進入程式實作的角度，又有一大段跨不過去的鴻溝。

　　為了幫助更多人用最輕鬆的方式了解各種演算法的主要重點，包括：分治法、遞迴法、貪心法、動態規劃法、疊代法、枚舉法、回溯法…等，及應用不同演算法所延伸出的重要資料結構實作，例如：陣列、鏈結串列、堆疊、佇列、樹狀結構、圖形、排序、搜尋、雜湊…等，本書特別針對採用豐富圖例來闡述基本概念，並將演算法概念做最意簡言明的詮釋及舉例。同時配合完整的實作程式碼，期能將各種演算法真正應用在程式設計的領域。因此，這是一本兼具內容及專業的演算法書籍最佳首選。

　　這一次的改版除了微幅調整第一版的章節架構外，並在各章主題中補強了第一版沒有介紹到的演算法，同時在第一章加入了運算思維的重要觀念與實例演練，除了第一版的已有的章節主題外，這次改版還加入了實戰安全性演算法與人工智慧 (Artificial Intelligence, AI) 的相關演算法，期許本書的新

安排的課程可以更完善介紹電腦科學領域重要的演算法。本書使用目前相當熱門且易學的 Python 語言來實作，每個範例程式都可以正確執行，書中也有示範各支程式的參考執行結果，有助各位理解每一支程式的執行過程與輸出結果。

　　由於筆者長期從事資訊教育及專業作者的工作，在文句的表達上盡量朝向簡潔有力、邏輯清楚闡述為主，而為了驗收各章的學習成果，特別蒐集了難易度適中的習題，並參閱演算法與資料結構等國家考試的相關題型，提供讀者演算法的進一步演練與了解。然而一本好的演算法書籍，除了內容的完備專業外，更需要有清楚易懂的架構安排及表達方式。希望本書可以幫助各位以最輕鬆的情況下，對這門基礎學問有印象深刻的認識。

目錄

CONTENTS

Chapter 5 你必須學的搜尋演算法

Chapter 6 全方位應用的陣列與串列演算法

Chapter 7 實戰安全性演算法

Chapter 8

徹底研究堆疊與佇列演算法

Chapter 9

超圖解的樹狀演算法

Chapter

10

圖形演算法的秘密

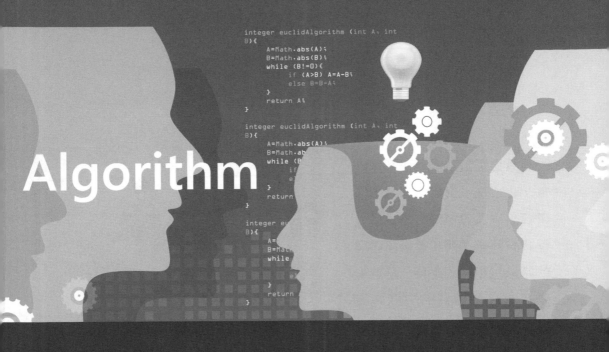

Algorithm

1 進入演算法的世界

>> 大話運算思維

>> 運算思維的腦力大賽

>> 生活中到處都是演算法

電腦（computer），或者有人稱為計算機（calculator），是一種具備了資料處理與計算的電子化設備。對於一個有志從事資訊專業領域的人員來說，程式設計是一門和電腦硬體與軟體息息相關的學科，是近十幾年來蓬勃興起的一門新興科學。

🔵 雲端運算加速了全民程式設計時代的來臨

隨著資訊與網路科技的高速發展，處於物聯網（Internet of Things, IOT）與雲端運算（Cloud Computing）的時代，寫程式不再是資訊相關科系的專業，而是全民的基本能力，唯有將「創意」經由「設計過程」與電腦結合，才能因應這個快速變遷的雲端世代。

科技新知，不可不知

- 「雲端」其實就是泛指「網路」，通常工程師對於網路架構圖中的網路習慣用雲朵來代表不同的網路。雲端運算就是將運算能力提供出來作為一種服務，只要使用者能透過網路登入遠端伺服器進行操作，就能使用運算資源。
- 物聯網（Internet of Things, IOT）是近年資訊產業中一個非常熱門的議題，它將各種具裝置感測設備的物品，例如 RFID、環境感測器、全球定位系統（GPS）等與網際網路結合，並透過網路技術讓各種實體物件、自動化裝置彼此溝通和交換資訊，也就是透過網路把所有東西都連結在一起。

更深入來看，程式設計能力已經被看成是國力的象徵，學習如何寫程式已經是跟語文、數學、藝術一樣的基礎能力，連教育部都將撰寫程式列入國高中學生必修課程，培養孩子解決問題、分析、歸納、創新、勇於嘗試錯誤等能

力，以及做好掌握未來數位時代的提前準備，讓寫程式不再是資訊相關科系的專業，而是全民的基本能力。

程式設計的本質是數學，而且是更簡單的應用數學，過去對於程式設計的實踐目標，我們會非常看重「計算」能力。隨著資訊與網路科技的高速發展，計算能力的的重要性早已慢慢消失，反而程式設計課程的目的特別著重學生「運算思維」（Computational Thinking, CT）的訓練。由於運算思維概念與現代電腦強大的執行效率結合，讓我們在今天具備擴大解決問題的能力與範圍，必須在課程中引導與鍛鍊學生建構運算思維的觀念，也就是分析與拆解問題能力的培養，培育 AI 時代必備的數位素養。

⊙ 學好運算思維，透過程式設計是最快的途徑

🛰 **科技新知，不可不知**

人工智慧（Artificial Intelligence, AI）的概念最早是由美國科學家 John McCarthy 於 1955 年提出，目標為使電腦具有類似人類學習解決複雜問題與展現思考等能力，舉凡模擬人類的聽、說、讀、寫、看、動作等的電腦技術，都被歸類為人工智慧的可能範圍。簡單地說，人工智慧就是由電腦所模擬或執行，具有類似人類智慧或思考的行為，例如推理、規劃、問題解決及學習等能力。

1-1 大話運算思維

基本上，日常生活中大小事，無疑都是在解決問題，任何只要牽涉到「解決問題」的議題，都可以套用運算思維來解決。讀書與學習就是為了培養生活中解決問題的能力，運算思維是一種利用電腦的邏輯來解決問題的思維，就是

一種能夠將問題「抽象化」與「具體化」的能力，也是現代人都應該具備的素養。目前許多歐美國家從幼稚園就開始訓練學生的運算思維，讓學生們能更有創意地展現出自己的想法與嘗試自行解決問題。

例如我今天和朋友約在一個沒有去過的知名旅遊景點，在出門前，你會先上網規劃路線，看看哪些路線適合你們的行程，以及哪一種交通工具最好，接下來就可以按照計畫出發。簡單來說，這種計畫與考量過程就是運算思維，按照計畫逐步執行就是一種演算法（Algorithm），就如同我們把一件看似複雜的事情，用容易理解的方式來處理，這樣就是具備將問題程式化的能力。以下就是規劃高雄一日遊的簡單運算思維的範例：

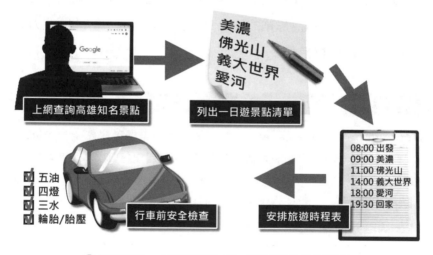

● 規劃高雄一日遊過程也算一種運算思維的應用

我們可以這樣形容：「學程式設計不等於學運算思維，然而程式設計的過程，就是一種運算思維的表現，而且學好運算思維，透過程式設計絕對是最佳的途徑。」程式語言本來就只是工具，從來都不是重點，沒有最好的程式語言，只有適不適合的程式語言，學習程式的目標絕對不是要將每個學習者都訓練成專業的程式設計師，而是能培養學習者具備運算思維的程式腦。

　　2006 年美國卡內基梅隆大學 Jeannette M. Wing 教授首度提出了「運算思維」的概念，她提到運算思維是現代人的一種基本技能，所有人都應該積極學習，隨後 Google 也為教育者開發一套運算思維課程（Computational Thinking for Educators）。這套課程提到培養運算思維的四個面向，分別是拆解（Decomposition）、模式識別（Pattern Recognition）、歸納與抽象化（Pattern Generalization and Abstraction）與演算法（Algorithm），雖然這並不是建立運算思維唯一的方法，不過透過這四個面向我們能更有效率地發想，利用運算方法與工具解決問題的思維能力，進而從中建立運算思維。

　　訓練運算思維的過程中，其實就養成了學習者用不同角度，以及現有資源解決問題的能力，能針對系統與問題提出思考架構的思維模式，正確地使用這四個方式，並可以運用既有的知識或工具，找出解決艱難問題的方法，而學習程式設計，就是要將這四種面向，有系統的學習與組合，並使用電腦來協助解決問題，接下來請看我們詳細的說明。

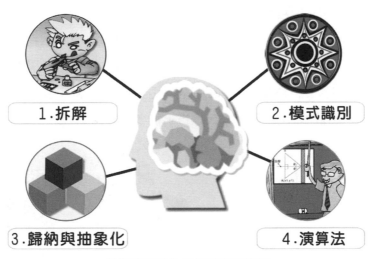

● 運算思維的四個步驟示意圖

1-1-1 拆解

　　許多年輕人遇到問題時的第一反應，就是「想太多！」，把一個簡單的問題越搞越複雜。其實任何問題只要懂得拆解（Decomposition）成許多小問題，先將這些小問題各個擊破；小問題全部解決之後，原本的大問題也就迎刃而解了。例如我們隨身攜帶的手機故障了，如果將整台手機逐步拆解成較小的部分，每個部分進行各種元件檢查，就容易找出問題的所在。

🔘 修手機時，技師一定會先拆解開來

1-1-2 模式識別

　　當將一個複雜的問題分解之後，我們常常能發現小問題中有共有的屬性以及相似之處，這些屬性就稱為「模式」（Pattern）。模式識別（Pattern Recognition）是指在一堆資料中找出特徵（Feature）或問題中的相似之處，用來將資料進行辨識與分類，並找出規律性，才能做為快速決策判斷。例如各位想要畫一系列的貓，而哪些屬性是大多數貓咪都有的？眼睛、尾巴、毛髮、叫聲、鬍鬚等。因為當各位知道所有的貓都有這些屬性，當想要畫貓的時候便可將這些共有的屬性加入，就可以很快地畫出很多隻貓。

Google 大腦（Google Brain）工具能夠利用 AI 技術從龐大的貓圖形資料中，辨識出貓臉跟人臉的不同，原理就是把所有照片內貓的「特徵」取出來，同時自己進行「模式」分類，才能夠模擬複雜的非線性關係，來獲得更好辨識能力。

Google Brain 能從龐大的圖形資料中，分辨出貓臉的圖片

1-1-3　歸納與抽象化

歸納與抽象化（Pattern Generalization and Abstraction, 或稱樣式一般化與抽象化）在於過濾以及忽略掉不必要的特徵，讓我們可以集中在重要的特徵上，幫助將問題具體化，進而建立模型，目的是希望能夠從原始特徵數據集中學習出問題的結構與本質。通常這個過程開始會收集許多的資料，如何歸納出抽象規則，是需要經驗推理，藉由歸納與抽象化，把無法幫助解決問題的模式去掉，留下相關以及重要的共同屬性的過程，直到讓我們建立一個通用的問題解決模型。

車商業務員：輪子、引擎、方向盤、煞車、底盤。

修車技師：引擎系統、底盤系統、傳動系統、煞車系統、懸吊系統。

由於「抽象化」沒有固定的模式，它會隨著需要或實際狀況而有不同。譬如把一台車子抽象化，每個人都有各自的拆解方式，像是車商業務員與修車技師對車子抽象化的結果可能就會有差異。

1-1-4　演算法

演算法（Algorithm）是運算思維四個基石的最後一個，不但是人類利用電腦解決問題的技巧之一，也是程式設計領域中最重要的關鍵，常常被使用為設計電腦程式的第一步，演算法就是一種計畫，每一個指示與步驟都是經過計畫過的，這個計畫裡面包含解決問題的每一個步驟跟指示。

大企業面試也必須測驗演算法程度

特別是在演算法與大數據的合作下，這門學問開始進行多采多姿的運用，例如當你打電話去某個信用卡客服中心，很可能就先經過演算法的過濾，幫你找出一名最對你胃口的客服人員來與你交談，再透過大數據分析資料，店家還能進一步了解產品購買和需求的族群是哪些人，甚至一些知名企業在面試過程中也必須測驗新進人員演算法的程度。

 科技新知，不可不知

大數據（又稱巨量資料、海量資料 , big data），由 IBM 於 2010 年提出，是指在一定時效（Velocity）內進行大量（Volume）且多元性（Variety）資料的取得、分析、處理、保存等動作，主要特性包含三種層面：大量性（Volume）、速度性（Velocity）及多樣性（Variety）。在維基百科的定義，大數據是指無法使用一般常用軟體在可容忍時間內進行擷取、管理及處理的大量資料，我們可以這麼簡單解釋：大數據其實是巨大資料庫加上處理方法的一個總稱，就是一套有助於企業組織大量蒐集、分析各種數據資料的解決方案。

1-2　運算思維的腦力大賽

接下來將根據「運算思維國際挑戰賽」歷年出題的重點及題型，安排了許多生動有趣、又富挑戰的各種運算思維的擬真模擬試題，希望透過本單元，除了清楚運算思維的訓練重點外，也可以在進入演算法介紹之前，先為自己的大腦進行各種運算思維如何解題的腦力熱身訓練。

1-2-1　線上軟體通關密碼

榮欽科技設計一個多國語言線上軟體，並以雲端教室座位表的方式進行授權，但要進入座位表前必須輸入通關密碼，用以判斷該密碼是哪一間學校、哪一種語言及提供多少人次的座位表，如以下的示意圖畫面：

為了確保全國所有授權學校其通關密碼的唯一性，在設置通關密碼時出現以下提示：

1. 至少包含 2 個大寫英文

2. 同時必須有數字及英文字兩種

3. 至少包含 2 個特殊字元（非英文也非數字）

4. 密碼長度 12 個字元以上

請問哪一組密碼符合條件？

(A) %$ChaoMing1234

(B) %HHChaoMing1234

(C) ABChaoMing1234

(D) %$chaoming1234

解答 **(A)** %$ChaoMing1234

其中選項 (B) 只有一個特殊字元，不符合條件 (3)。

其中選項 (C) 沒有任何特殊字元，不符合條件 (3)。

其中選項 (D) 沒有大寫英文字母，不符合條件 (1)。

1-2-2 三分球比賽燈號記錄器

在一項高中盃籃球的三分球比賽中看誰能於指定時間內投入 15 顆三分球，當選手投入 15 顆三分球後，就可以停止投球，並拿到神射手頭銜。所有選手投入的三分球顆數介於 0 顆到 15 顆之間，為了展現三分球投入的總數，主辦單位使用特殊的燈號來顯示目前的得分情況，燈號的顯示規則說明如下：

最下方的燈號如果亮燈代表投入 1 顆 3 分球，由下往上數的第 2 個燈號如果亮代表投入 2 顆 3 分球，由下往上數的第 3 個燈號如果亮代表投入 4 顆 3 分球，最上方燈號如果亮代表投入 8 顆 3 分球。如下圖所示：

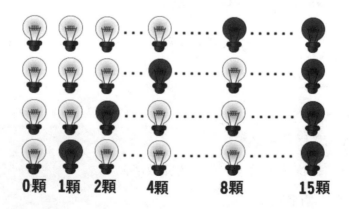

請問下面哪一個燈號代表投入 13 顆 3 分球？

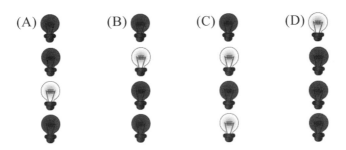

解答 (A)

1-2-3　影像字串編碼

假設圖片是由許多小方格組成，且每小一方格只有一種顏色，圖片僅有三種顏色：黑色（Black）、白色（White）、灰色（Gray）。當圖片經過編碼後會形成一串英文字母與數字交互組成的字串，每組英文字母與數字所組成的單元：數字代表該顏色連續的次數，例如：B3 表示 3 個連續的黑色（Black），W2 表示 2 個連續的白色（White），G5 表示 5 個連續的灰色（Gray）。請問以下哪一張圖片的編碼字串為 "B3W2G4B3W2G4B2G4W1"？

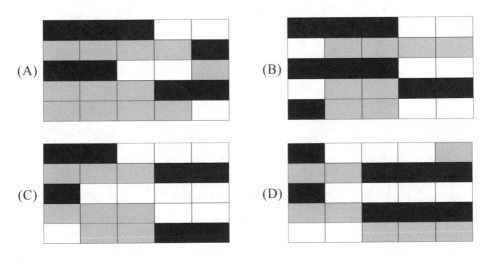

解答 (A)

1-2-4 電腦繪圖指令實作

阿燦在電腦繪圖課時，學到了 7 道指令，每道指令功能如下：

- BT – 畫出大三角型

- ST – 畫出小三角型

- BC – 畫出大圓型

- SC – 畫出小圓型

- BR – 畫出大方型

- SR – 畫出小方型

- Repeat (a1 a2 a3 ....) b - 重複括號內所有指令 b 次，例如 Repeat (SC) 2 表示連續畫出兩個小圓形

這套軟體會根據指令自動配色，每畫出一個圖形後，會自動換行。也就是說，一列中不會出現兩個以上的圖形，例如指令如下：

```
BC ST Repeat(SC SR)2 BT
```

則該軟體隨機配色後畫出如下的圖形：

試問學生阿燦在練習時，畫出了如右圖的圖案，請問他下了哪道指令？

(A) BT Repeat (BC SR) 2 BR BC

(B) BT Repeat (BC SR) 2 BC BR

(C) BR Repeat (BC SR) 2 BC BR

(D) BC Repeat (BC SR) 2 BC BT

解答 **(B)** BT Repeat (BC SR) 2 BC BR

1-2-5　炸彈超人遊戲

在一款「新無敵炸彈超人遊戲」中有 4 個玩家在不同的位置，周圍有放置炸彈，請問哪一位玩家引爆炸彈的機率最高？

(A) 第 2 列第 2 行的男玩家

(B) 第 2 列第 4 行的女玩家

(C) 第 4 列第 2 行的女玩家

(D) 第 5 列第 5 行的男玩家

解答 **(D)** 第 5 列第 5 行的男玩家

其中各選項中的玩家周圍的炸彈數量分別如下：

(A) 第 2 列第 2 行的男玩家周圍的炸彈數量為 4 個，機率為 4/8。

(B) 第 2 列第 4 行的女玩家周圍的炸彈數量為 4 個，機率為 4/8。

(C) 第 4 列第 2 行的女玩家周圍的炸彈數量為 5 個，機率為 5/8。

(D) 第 5 列第 5 行的男玩家周圍的炸彈數量為 2 個，機率為 2/3。

1-3 生活中到處都是演算法

日常生活中也有許多工作可以利用演算法來描述，例如員工的工作報告、寵物的飼養過程、廚師準備美食的食譜、學生的功課表等，甚至於連我們平時經常使用的搜尋引擎都必須藉由不斷更新演算法來運作。

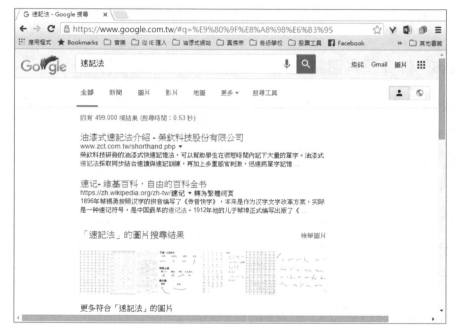

搜尋引擎的運作也必須透過演算法

韋氏辭典將演算法定義為：「在有限步驟內解決數學問題的程式。」運用在計算機領域中，我們也可以把演算法定義成：「為了解決某個工作或問題，所需要有限數目的機械性或重覆性指令與計算步驟。」

相信各位都聽過可整除兩數的稱之為公因數，而演算法之一的輾轉相除法可以用來求取兩數的最大公因數，以下我們使用 while 迴圈來設計一 Python 程式，以求取所輸入兩個整數的最大公因數（g.c.d）。

```
Num_1=int(input(' 請輸入第一個數字： '))
Num_2=int(input(' 請輸入第二個數字： '))

if Num_1 < Num_2:
    Tmp_Num=Num_1
    Num_1=Num_2
    Num_2=Tmp_Num

while Num_2 != 0:
    Tmp_Num=Num_1 % Num_2
    Num_1=Num_2
    Num_2=Tmp_Num

print(, 最大公因數 (g.c.d)： ,,Num_1)
```

1-3-1　演算法的條件

這裡要討論包括電腦程式常使用到演算法的概念與定義。當認識了演算法的定義後，我們還要說明描述演算法所必須符合的五個條件。

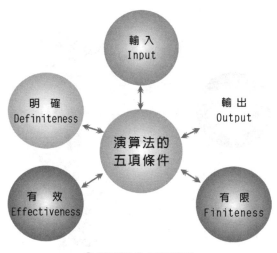

🔵 演算法的五項條件

演算法特性	內容與說明
輸入（Input）	0 個或多個輸入資料，這些輸入必須有清楚的描述或定義。
輸出（Output）	至少會有一個輸出結果，不可以沒有輸出結果。
明確性（Definiteness）	每一個指令或步驟必須是簡潔明確而不含糊的。
有限性（Finiteness）	在有限步驟後一定會結束，不會產生無窮迴路。
有效性（Effectiveness）	步驟清楚且可行，能讓使用者用紙筆計算而求出答案。

　　接著要思考該用什麼方法來表達演算法最為適當呢？其實演算法的主要目的是提供給人們了解所執行的工作流程與步驟，學習如何解決事情的辦法，只要能夠清楚表現演算法的五項特性即可。常用的演算法有文字敘述，如中文、英文、數字等，特色是使用文字或語言敘述來說明演算步驟，下圖就是學生小華早上上學並買早餐的簡單文字演算法。

小華早上去上學　　今天天氣很好

叫了一份精緻的
漢堡大餐　　　　走進早餐店

有些演算法是利用是可讀性高的高階語言與虛擬語言（Pseudo-Language）。如以 Python 語言來計算所傳入的兩數 x、y 的 x^y 值函數 Pow()：

```python
def Pow(x,y):
    p=1
    for i in range(1,y+1):
        p *=x
    return p

print(Pow(4,3))
```

TIPS 虛擬語言（Pseudo-Language）是接近高階程式語言的寫法，也是一種不能直接放進電腦中執行的語言。一般都需要一種特定的前置處理器（preprocessor），或者用手寫轉換成真正的電腦語言，經常使用的有 SPARKS、PASCAL-LIKE 等語言。

流程圖（Flow Diagram）也是一種相當通用的演算法表示法，必須使用某些圖形符號。例如請您輸入一個數值，並判別是奇數或偶數。

TIPS 演算法和程式是有什麼不同，程式不一定要滿足有限性的要求，如作業系統或機器上的運作程式。除非當機，否則永遠在等待迴路（waiting loop），這也違反了演算法五大原則之一的「有限性」。

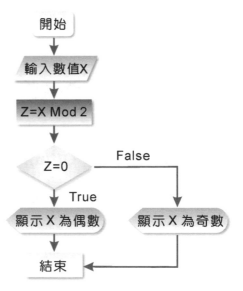

　　圖形也是一種表示方式，如陣列、樹狀圖、矩陣圖等，以下是是井字遊戲的某個決策區域，下一步是 X 方下棋，很明顯的 X 方絕對不能選擇第二層的第二個下法，因為 X 方必敗無疑，我們利用決策樹圖形來表示其演算法：

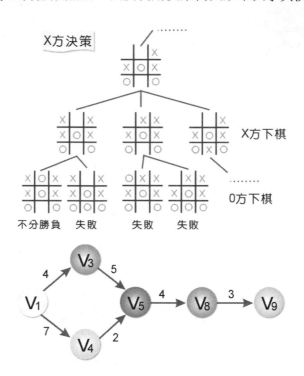

1-3-2　時間複雜度 O(f(n))

　　各位可能會想，那麼應該怎麼評量一個演算法的好壞呢？例如程式設計師可以就某個演算法的執行步驟計數來衡量執行時間的標準，但是同樣是兩行指令：

```
a=a+1 與 a=a+0.3/0.7*10005
```

由於涉及到變數儲存型態與運算式的複雜度，所以真正絕對精確的執行時間一定不相同。不過話又說回來，如此大費周章的去考慮程式的執行時間往往窒礙難行，而且毫無意義。這時可以利用一種「概量」的觀念來做為衡量執行時間，我們就稱為「時間複雜度」（Time Complexity）。詳細定義如下：

在一個完全理想狀態下的計算機中，我們定義一個 $T(n)$ 來表示程式執行所要花費的時間，其中 n 代表資料輸入量。當然程式的執行時間或最大執行時間（Worse Case Executing Time）作為時間複雜度的衡量標準，一般以 Big-oh 表示。

由於分析演算法的時間複雜度必須考慮它的成長比率（Rate of Growth）往往是一種函數，而時間複雜度本身也是一種「漸近表示」（Asymptotic Notation）。

$O(f(n))$ 可視為某演算法在電腦中所需執行時間不會超過某一常數倍的 $f(n)$，也就是說當某演算法的執行時間 $T(n)$ 的時間複雜度（Time Complexity）為 $O(f(n))$（讀成 Big-oh of f(n) 或 Order is f(n)）。亦即存在兩個常數 c 與 n_0，則若 $n \geq n_0$，則 $T(n) \leq cf(n)$，$f(n)$ 又稱之為執行時間的成長率（rate of growth），由於是寧可高估不要低估的原則，所以估計出來的函數，是真正所需執行時間的上限。請各位多看以下範例，可以更了解時間複雜度的意義。

範例　假如執行時間 $T(n)=3n^3+2n^2+5n$，求時間複雜度為何？

解答　首先得找出常數 c 與 n_0，我們可以找到當 $n_0=0$，$c=10$ 時，則當 $n \geq n_0$ 時，$3n^3+2n^2+5n \leq 10n^3$，因此得知時間複雜度為 $O(n^3)$。

事實上，時間複雜度只是執行次數的一個概略的量度層級，並非真實的執行次數。而 Big-oh 則是一種用來表示最壞執行時間的表現方式，它也是最常使用在描述時間複雜度的漸近式表示法。常見的 Big-oh 有下列幾種：

Big-oh	特色與說明
$O(1)$	稱為常數時間（constant time），表示演算法的執行時間是一個常數倍。
$O(n)$	稱為線性時間（linear time），執行的時間會隨資料集合的大小而線性成長。
$O(\log_2 n)$	稱為次線性時間（sub-linear time），成長速度比線性時間還慢，而比常數時間還快。
$O(n^2)$	稱為平方時間（quadratic time），演算法的執行時間會成二次方的成長。
$O(n^3)$	稱為立方時間（cubic time），演算法的執行時間會成三次方的成長。
(2^n)	稱為指數時間（exponential time），演算法的執行時間會成二的 n 次方成長。例如解決 Nonpolynomial Problem 問題演算法的時間複雜度即為 $O(2^n)$。
$O(n\log_2 n)$	稱為線性乘對數時間，介於線性及二次方成長的中間之行為模式。

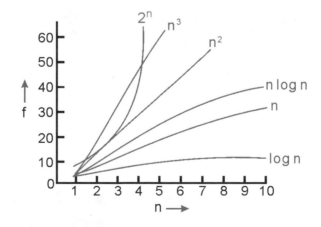

對於 $n \geqq 16$ 時，時間複雜度的優劣比較關係如下：

```
O(1) < O(log₂n) < O(n) < O(nlog₂n) < O(n²) < O(n³) < O(2ⁿ)
```

1. 請問以下 Python 程式片段是否相當嚴謹地表現出演算法的意義？

```
count=0
while count!=3:
    print (count)
```

2. 請問以下程式的 Big-O 為何？

```
total=0
for i in range(1,n+1):
    total=total+i*i
```

3. 演算法必須符合哪五項條件？

4. 請問下列程式區段的迴圈部份，實際執行次數與時間複雜度。

```
for i=1 to n
    for j=i to n
        for k=j to n
        { end of k Loop }
    { end of j Loop }
{ end of i Loop }
```

5. 試證明 $f(n)=a_m n^m+...+a_1 n+a_0$，則 $f(n)=O(n^m)$。

6. 如下程式片段執行後，其中 sum=sum+1 的敘述被執行次數為？

```
sum=0
for i in range (-5, 101, 7):
    sum=sum+1
```

7. 請問運算思維課程包含哪幾個面向？

MEMO

Algorithm

Chapter

2

地表上最常見
經典演算法

- ▶▶ 分治演算法
- ▶▶ 給我最好，其餘免談的貪心法
- ▶▶ 動態規劃法
- ▶▶ 疊代法
- ▶▶ 枚舉法
- ▶▶ 不對就回頭的回溯法

　　我們可以這樣形容，演算法就是用電腦來算數學的學問，藉由了解這些演算法如何運作，得知它們是怎麼樣在各層面影響我們的生活。懂得善用演算法，當然是培養程式設計邏輯的很重要步驟，許多實際的問題都有多個可行的演算法來解決，但是要從中找出最佳的解決演算法卻是一個挑戰。本節將為各位介紹一些近年來相當知名的演算法，能幫助您更加了解不同演算法的觀念與技巧，以便日後更有能力分析各種演算法的優劣。

2-1　分治演算法

　　分治法（Divide and conquer）是一種很重要的演算法，我們可以應用分治法來逐一拆解複雜的問題，核心精神是將一個難以直接解決的大問題依照不同的概念，分割成兩個或更多的子問題，以便各個擊破，分而治之。以一個實際例子來說明，以下如果有 8 張很難畫的圖，我們可以分成 2 組各四幅畫來完成，如果還是覺得太複雜，繼續再分成 4 組，每組各兩幅畫來完成，利用相同模式反覆分割問題，這就是最簡單的分治法核心精神。如下圖所示：

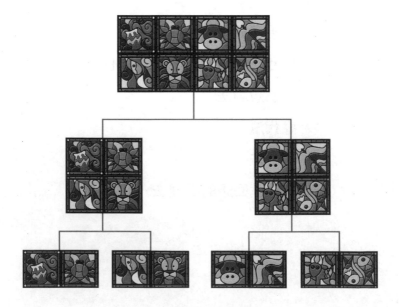

其實任何一個可以用程式求解的問題所需的計算時間都與其規模與複雜度有關，問題的規模越小，越容易直接求解，可以使子問題規模卻不斷縮小，直到這些子問題足夠簡單到可以解決，最後將各子問題的解合併得到原問題的解答。再舉個例子來說，如果你被委託製作一個計畫案的企劃書，這個計畫案有 8 個章節主題，如果只靠一個人獨立完成，不僅時間會花比較久，而且有些計畫案的內容也有可能不是自己所專長，這個時候就可以依這 8 個章節的特性分工給 2 位專員去完成。不過為了讓企劃更快完成，又能找到適合的分類，再分別將其分割成 2 章，並分配給更多不同的專員，如此一來，每位專員只需負責其中 2 個章節，經過這樣的分配，就可以將原先的大的計畫案簡化成 4 個小專案，並委託 4 位專員去完成。以此類推，上述問題的解決方案的示意圖如下：

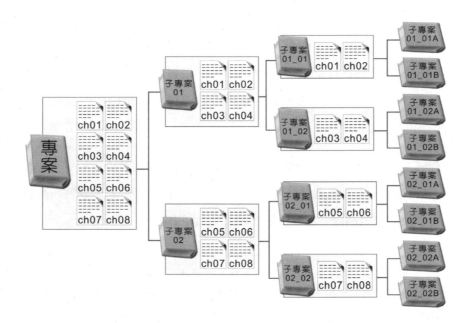

分治法還可以應用在數字的分類與排序上，如果要以人工的方式將散落在地上的輸出稿，依第 1 頁整理排序到第 100 頁。你可以有兩種作法，一種作法是逐一撿起輸出稿，並逐一插入到適當的頁碼順序。但這樣的做法有一種缺點，就是排序及整理的過程較為繁雜，而且較為花時間。

此時，我們就可以應用分治法的作法，先行將頁碼 1 到頁碼 10 放在一起，頁碼 11 到頁碼 20 放在一起，以此類推，將頁碼 91 到頁碼 100 放在一起，也就是說，將原先的 100 頁分類 10 個頁碼區間，然後各位再分別針對 10 堆頁碼去進行整理，最後再由頁碼小到大的群組合併起來，就可以輕易回復到原先的稿件順序，透過分治法可以讓原先複雜的問題，變成規則更簡單、數量更少、速度加速且更容易輕易解決的小問題。

2-1-1　遞迴法

遞迴是種很特殊的演算法，分治法和遞迴法很像一對孿生兄弟，都是將一個複雜的演算法問題的規模變得越來越小，最終使子問題容易求解。遞迴在早期人工智慧所用的語言。如 Lisp、Prolog 幾乎都是整個語言運作的核心，現在許多程式語言，包括 C、C++、Java 、Python 等，都具備遞迴功能。簡單來說，對程式設計師的實作而言，「函數」（或稱副程式）不單只是能夠被其他函數呼叫（或引用）的程式單元，在某些語言還提供了自身引用的功能，這種功用就是所謂的「遞迴」。

從程式語言的角度來說，遞迴的定義是，假如一個函數或副程式，是由自身所定義或呼叫的，就稱為遞迴（Recursion），它至少要定義 2 種條件，包括一個可以反覆執行的遞迴過程，與一個跳出執行過程的出口。

TIPS 「尾歸遞迴」（Tail Recursion）就是程式的最後一個指令為遞迴呼叫，因為每次呼叫後，再回到前一次呼叫的第一行指令就是 return，所以不需要再進行任何計算工作。

　　例如我們知道階乘函數是數學上很有名的函數，對遞迴式而言，也可以看成是很典型的範例，我們一般以符號 "！" 來代表階乘。如 4 階乘可寫為 4!，n! 可以寫成：

```
n!=n*(n-1)*(n-2)……*1
```

　　各位可以從分解它的運算過程，觀察出一定的規律性：

```
5! = (5 * 4!)
   = 5 * (4 * 3!)
   = 5 * 4 * (3 * 2!)
   = 5 * 4 * 3 * (2 * 1)
   = 5 * 4 * (3 * 2)
   = 5 * (4 * 6)
   = (5 * 24)
   = 120
```

　　至於 Python 的 n! 遞迴函數演算法可以寫成如下：

```python
def factorial(i):
    if i==0:
        return 1
    else:
        ans=i * factorial(i-1)   # 反覆執行的遞迴過程
    return ans
```

　　以上遞迴應用的介紹是利用階乘函數的範例來說明遞迴式的運作，在實作遞迴時，會應用到堆疊的資料結構概念，所謂堆疊（Stack）是一群相同資料型態的組合，所有的動作均在頂端進行，具「後進先出」（Last In, First Out: LIFO）的特性。有關堆疊的進一步功能說明與實作請參考〈第 3 章超人氣資料結構簡介〉及〈第 8 章堆疊與佇列演算法〉。寫到這裡，相信各位應該不會再對遞迴有陌生的感覺了！

我們再來看一個很有名氣的費伯那序列（Fibonacci Polynomial）求解，首先看看費伯那序列的基本定義：

$$F_n = \begin{cases} 0 & n=0 \\ 1 & n=1 \\ F_{n-1}+F_{n-2} & n=2,3,4,5,6 \ldots\ldots （n 為正整數） \end{cases}$$

簡單來說，就是一序列的第零項是 0、第一項是 1，其他每一個序列中項目的值是由其本身前面兩項的值相加所得。從費伯那序列的定義，也可以嘗試把它設計轉成遞迴形式：

```
def fib(n):    # 定義函數 fib()
    if n==0 :
        return 0 # 如果 n=0 則傳回 0
    elif n==1 or n==2:
        return 1
    else:   # 否則傳回 fib(n-1)+fib(n-2)
        return (fib(n-1)+fib(n-2))
```

範例　ch02_01.py ▌ 請設計一個計算第 n 項費伯那序列的遞迴程式。

```
01  def fib(n):    # 定義函數 fib()
02      if n==0 :
03          return 0 # 如果 n=0 則傳回 0
04      elif n==1 or n==2:
05          return 1
06      else:   # 否則傳回 fib(n-1)+fib(n-2)
07          return (fib(n-1)+fib(n-2))
08
09  n=int(input(' 請輸入所要計算第幾個費氏數列 :'))
10  for i in range(n+1):# 計算前 n 個費氏數列
11      print('fib(%d)=%d' %(i,fib(i)))
```

執行結果

```
請輸入所要計算第幾個費式數列:10
fib(0)=0
fib(1)=1
fib(2)=1
fib(3)=2
fib(4)=3
fib(5)=5
fib(6)=8
fib(7)=13
fib(8)=21
fib(9)=34
fib(10)=55
```

2-2　給我最好，其餘免談的貪心法

　　貪心法（Greed Method）又稱為貪婪演算法，方法是從某一起點開始，在每一個解決問題步驟使用貪心原則，都採取在當前狀態下最有利或最優化的選擇，不斷的改進該解答，持續在每一步驟中選擇最佳的方法，並且逐步逼近給定的目標，當達到某一步驟不能再繼續前進時，演算法停止，以盡可能快的地求得更好的解。

許多大眾運輸系統都必須運用到最短路徑的理論

　　貪心法的精神雖然是把求解的問題分成若干個子問題，不過不能保證求得的最後解是最佳的。貪心法容易過早做決定，只能求滿足某些約束條件的可行解的範圍，不過在有些問題卻可以得到最佳解。經常用在求圖形的最小生成樹（MST）、最短路徑與霍哈夫曼編碼等。

> **TIPS** 機器學習（Machine Learning, ML）是大數據與人工智慧發展相當重要的一環，機器透過演算法來分析數據、在大數據中找到規則，機器學習是大數據發展的下一個進程，給予電腦大量的「訓練資料（Training Data）」，可以發掘多資料元變動因素之間的關聯性，進而自動學習並且做出預測，充分利用大數據和演算法來訓練機器，機器再從中找出規律，學習如何將資料分類。
>
> 霍夫曼編碼（Huffman Coding），經常用於處理資料壓縮的問題，可以根據資料出現的頻率來建構二元霍夫曼樹。例如資料的儲存和傳輸是資料處理的二個重要領域，兩者皆和資料量的大小息息相關，而霍夫曼樹正可用來進行資料壓縮的演算法。

我們來看一個簡單的例子，假設你今天去便利商店買了一罐可樂，要價 24 元，你付給售貨員 100 元，你希望全部都找的錢都是硬幣，但你不喜歡拿太多銅板。所以硬幣的數量又要最少，應該要如何找錢？目前的硬幣有 50 元、10 元、5 元、1 元四種，從貪心法的策略來說，應找的錢總數是 76 元，所以一開始選擇 50 元一枚，接下來就是 10 元兩枚，再來是 5 元一枚及最後 1 元一枚，總共四枚銅板，這個結果也確實是最佳的解答。

貪心法很也適合作為旅遊某些景點的判斷，不過也有一些盲點，假如我們要從下圖中的頂點 5 走到頂點 3，最短的路徑該怎麼走才好？以貪心法來說，先走到頂點 1，接著選擇走到頂點 2，最後從頂點 2 走到頂點 3，這樣的距離是 28，可是從下圖中我們發現直接從頂點 5 走到頂點 3 才是最短的距離，在這種情況下，就沒辦法從貪心法規則下找到最佳的解答。

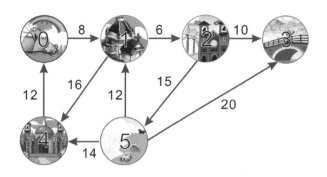

2-3 動態規劃法

　　動態規劃法（Dynamic Programming Algorithm, DPA）類似分治法，由 20 世紀 50 年代初美國數學家 R.E.Bellman 所發明，用來研究多階段決策過程的優化過程與求得一個問題的最佳解。動態規劃法主要的做法是如果一個問題答案與子問題相關的話，就能將大問題拆解成各個小問題，其中與分治法最大不同的地方是可以讓每一個子問題的答案被儲存起來，以供下次求解時直接取用。這樣的作法不但能減少再次需要計算的時間，並將這些解組合成大問題的解答，故使用動態規劃可以解決重複計算的缺點。

　　例如前面費伯那序列是用類似分治法的遞迴法，如果改用動態規劃寫法，已計算過資料而不必計算，也不會再往下遞迴，會達到增進效能的目的，例如我們想求取第 4 個費伯那序列 Fib(4)，它的遞迴過程可以利用以下圖形表示：

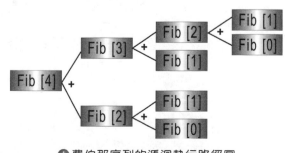

●費伯那序列的遞迴執行路徑圖

從路徑圖中可以得知遞迴呼叫 9 次，而執行加法運算 4 次，Fib(1) 執行了 3 次，浪費了執行效能，我們依據動態規劃法的精神，依照這演算法可以繪製出如下的示意圖：

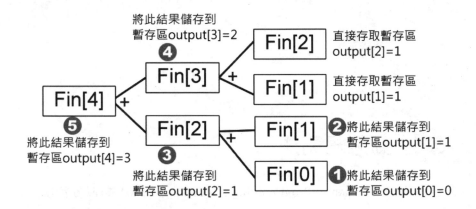

演算法可以修改如下：

```
#[示範]：費伯那序列的動態規劃法

output=[0]*100

def fib(n):
    if n==0:
        return 0
    if n==1:
        return 1
    else:
        output[0]=0
        output[1]=1
        for i in range(2,n+1):
            output[i]=output[i-1]+output[i-2]
    return output[n]
```

2-4　疊代法

疊代法（iterative method）是無法使用公式一次求解，而須反覆運算，例如用迴圈去循環重複程式碼的某些部分來得到答案。

範例　ch02_02.py ▎請利用 for 迴圈設計一個計算 1!~n! 的遞迴程式。

```
01   # 以 for 迴圈計算 n!
02   sum = 1
03   n=int(input('請輸入 n='))
04   for i in range(0,n+1):
05       for j in range(i,0,-1):
06           sum *= j    # sum=sum*j
07       print('%d!=%3d' % (i,sum))
08       sum=1
```

執行結果

```
請輸入n=10
0!=   1
1!=   1
2!=   2
3!=   6
4!=  24
5!=120
6!=720
7!=5040
8!=40320
9!=362880
10!=3628800
```

上述的例子是一種固定執行次數的疊代法，當遇到一個問題，無法一次以公式求解，又不確定要執行多少次數。這個時候，就可以使用 while 迴圈。

while 迴圈必須自行加入控制變數起始值以及遞增或遞減運算式，撰寫迴圈程式時必須檢查離開迴圈的條件是否存在，如果條件不存在會讓迴圈一直循環執行而無法停止，導致「無窮迴圈」。迴圈結構通常需要具備三個要件：

① **變數初始值**

② **迴圈條件式**

③ **調整變數增減值**

例如下面的程式：

```
i=1
while i< 10:      # 迴圈條件式
    print(i)
    i += 1        # 調整變數增減值
```

當 i 小於 10 時會執行 while 迴圈內的敘述，所以 i 會加 1，直到 i 等於 10，條件式為 False，就會跳離迴圈了。

2-4-1　巴斯卡三角形演算法

巴斯卡（Pascal）三角形演算法基本上就是計算出每一個三角形位置的數值。在巴斯卡三角形上的每一個數字各對應一個 $_rC_n$，其中 r 代表 row（列），而 n 為 column（欄），其中 r 及 n 都由數字 0 開始。巴斯卡三角形如下：

$$_0C_0$$

$$_1C_0 \ _1C_1$$

$$_2C_0 \ _2C_1 \ _2C_2$$

$$_3C_0 \ _3C_1 \ _3C_2 \ _3C_3$$

$$_4C_0 \ _4C_1 \ _4C_2 \ _4C_3 \ _4C_4$$

巴斯卡三角形對應的數據如下圖所示：

至於如何計算三角形中的 $_rC_n$，各位可以使用以下的公式：

```
rC0 = 1
rCn = rCn-1 * (r - n + 1) / n
```

上述兩個式子所代表的意義是每一列的第 0 欄的值一定為 1。例如：$_0C_0 =$
1、$_1C_0 = 1$、$_2C_0 = 1$、$_3C_0 = 1$…以此類推。

一旦每一列的第 0 欄元素的值為數字 1 確立後，該列的每一欄的元素值，
都可以由同一列前一欄的值，依據底下公式計算得到：

```
rCn = rCn-1 * (r - n + 1) / n
```

舉例來說：

❶ 第 0 列巴斯卡三角形的求值過程：

當 r=0，n=0，即第 0 列（row=0）、第 0 欄（column=0），所對應的數字
為 0。

此時的巴斯卡三角形外觀如下：

1

❷ 第 1 列巴斯卡三角形的求值過程：

當 r=1，n=0，代表第 1 列第 0 欄，所對應的數字 $_1C_0 =1$。

當 r=1，n=1，即第 1 列 (row=1)、第 1 欄 (column=1)，所對應的數字 $_1C_1$。

請代入公式 $_rC_n = {_rC_{n-1}} * (r - n + 1) / n$：（其中 r=1，n=1）

可以推衍出底下的式子：

```
₁C₁ = ₁C₀ * (1 - 1 + 1) / 1=1*1=1
```

得到的結果是 $_1C_1 = 1$

此時的巴斯卡三角形外觀如下：

1
1　　1

❸ 第 2 列巴斯卡三角形的求值過程：

依上述的計算每一列中各元素值的求值過程，可以推得 $_2C_0 =1$、$_2C_1 =2$、$_2C_2=1$。

此時的巴斯卡三角形外觀如下：

1
1　　1
1　　2　　1

❹ 第 3 列巴斯卡三角形的求值過程：

依上述的計算每一列中各元素值的求值過程，可以推得 $_3C_0$ =1、$_3C_1$ =3、

$_3C_2$ =3、$_3C_3$ =1。

此時的巴斯卡三角形外觀如下：

同理，可以陸續推算出第 4 列、第 5 列、第 6 列、…等所有巴斯卡三角形
各列的元素。

2-5　枚舉法

　　枚舉法，又稱為窮舉法，是一種常見的數學方法，也是日常中使用到的最
多的一個演算法，核心思想就是：枚舉所有的可能。根據問題要求，一一枚舉
問題的解答，或者為了解決問題而分為不重複、不遺漏的有限種情況，一一枚
舉並加以解決，最終達到解決整個問題的目的。枚舉法這種分析問題、解決問
題的方法，得到的結果總是正確的，唯一的缺點就是速度太慢。

　　例如我們想將 A 與 B 兩字串連接起來，也就是將 B 字串接到 A 字串後
方，此時利用 B 字串的每一個字元，從第一個字元開始逐步連結到 A 字串的最
後一個字元。

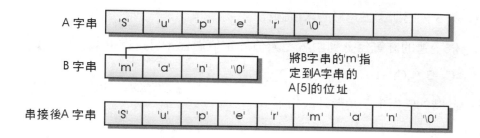

再來看一個例子，當某數 1000 依次減去 1,2,3... 直到哪一數時，相減的結果開始為負數，這是很單純的枚舉法應用，只要依序減去 1,2,3,4,5,6,7.... ？

```
1000-1-2-3-4-5-6....-? < 0
```

如果以枚舉法來求解這個問題，演算法過程如下：

1000-1 = 999

999-2 = 997

999-3 = 994

999-4 = 990

  ： ：＝ ：

  ： ：＝ ：

  ： ：＝ ：

139-42 = 97

97-43 = 54

54-44 = 10

10-45 = -35

開始產生負數，依枚舉法得知，一直到減到數字 45，相減的結果開始為負數

用 python 寫成的演算法如下：

```
x=1
num=1000
while num>=0: #while 迴圈
    num-=x
    x=x+1
print(x-1)
```

簡單來說，枚舉法的核心概念就是將要分析的項目在不遺漏的情況下逐一枚舉列出，再從所枚舉列出的項目中去找到自己所需要的目標物。

我們再舉一個例子來加深各位的印象，如果你希望列出 1 到 500 間的所有 5 的倍數的整數，以枚舉法的作法就是 1 開始到 500 逐一列出所有的整數，並一邊枚舉，一邊檢查該枚舉的數字是否為 5 的倍數，如果不是，不加以理會，如果是，則加以輸出。如果以 Python 語言來示範，其演算法如下：

```
for num in range(1,501):
    if num % 5 ==0:
        print('%d 是 5 的倍數 ' %(num))
```

接下來所舉的例子也很有趣，我們把 3 個相同的小球放入 A，B，C 三個小盒中，請問共有多少種不同的放法？分析枚舉法的關鍵是分類，本題分類的方法有很多，如可以分成這樣三類：3 個球放在一個盒子裡，2 個球放在一個盒子裡，另一個球放一個盒子裡，3 個球分 3 個盒子放。

第一類：3 個球放在一個盒子裡，會有底下三種可能性：

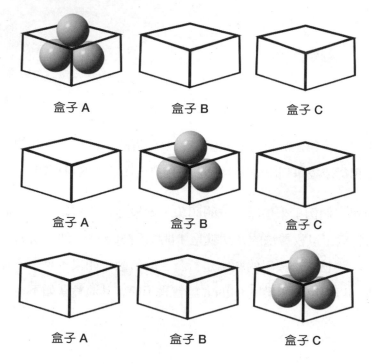

第二類：2 個球放在一個盒子裡，另一個球放一個盒子裡，會有底下六種可能性：

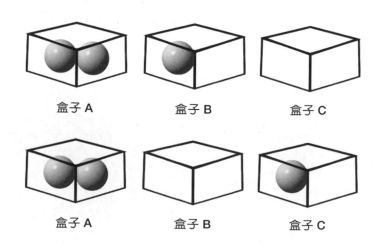

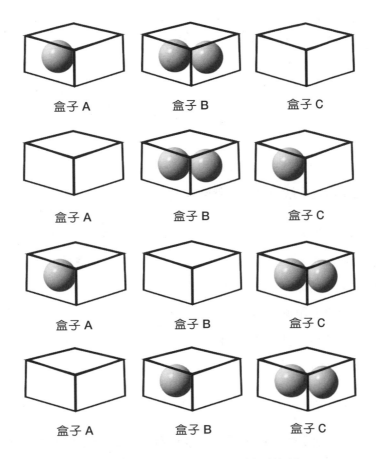

盒子 A	盒子 B	盒子 C
盒子 A	盒子 B	盒子 C
盒子 A	盒子 B	盒子 C
盒子 A	盒子 B	盒子 C

第三類：3 個球分 3 個盒子放，會有底下一種可能性：

依據枚舉法的精神共找出上述 10 種方式。

2-6 不對就回頭的回溯法

「回溯法」（Backtracking）也算是枚舉法中的一種，對於某些問題而言，回溯法是可以找出所有（或一部分）解的一般性演算法，可隨時避免枚舉不正確的數值。一旦發現不正確的數值，就不遞迴至下一層，而是回溯至上一層，節省時間，這種走不通就退回再走的方式。主要是在搜尋過程中尋找問題的解，當發現已不滿足求解條件時，就回溯返回，嘗試別的路徑，避免無效搜索。

例如老鼠走迷宮就是一種「回溯法」（Backtracking）的應用。老鼠走迷宮問題的陳述是假設把一隻大老鼠被放在沒有蓋子的大迷宮盒的入口處，盒中有許多牆使得大部份的路徑都被擋住而無法前進。老鼠可以依照嘗試錯誤的方法找到出口。不過這老鼠必須具備走錯路時就會重來一次並把走過的路記起來，避免重複走同樣的路，就這樣直到找到出口為止。簡單說來，老鼠行進時，必須遵守以下三個原則：

① 一次只能走一格。

② 遇到牆無法往前走時，則退回一步找找看是否有其他的路可以走。

③ 走過的路不會再走第二次。

在建立走迷宮程式前，我們先來了解如何在電腦中表現一個模擬迷宮的方式。這時可以利用二維陣列 MAZE[row][col]，並符合以下規則：

```
MAZE[i][j]=1 表示 [i][j] 處有牆，無法通過
         =0 表示 [i][j] 處無牆，可通行
MAZE[1][1] 是入口，MAZE[m][n] 是出口
```

下圖就是一個使用 10*12 二維陣列的模擬迷宮地圖表示圖：

【迷宮原始路徑】

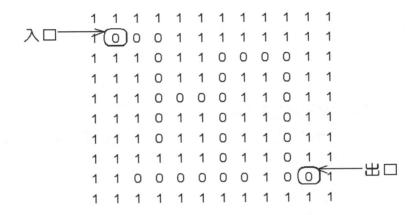

假設老鼠由左上角的 MAZE[1][1] 進入，由右下角的 MAZE[8][10] 出來，老鼠目前位置以 MAZE[x][y] 表示，那麼我們可以將老鼠可能移動的方向表示如下：

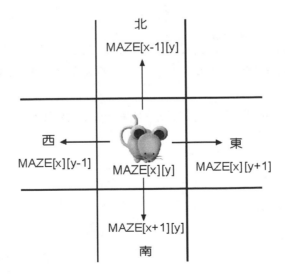

如上圖所示，老鼠可以選擇的方向共有四個，分別為東、西、南、北。但並非每個位置都有四個方向可以選擇，必須視情況來決定，例如 T 字型的路口，就只有東、西、南三個方向可以選擇。

我們可以記錄走過的位置，並且將走過的位置的陣列元素內容標示為 2，然後將這個位置放入堆疊再進行下一次的選擇。如果走到死巷子並且還沒有抵達終點，就必須退回上一個位置，直到回到上一個叉路後再選擇其他的路。由於每次新加入的位置必定會在堆疊的最末端，因此堆疊末端指標所指的方格編號便是目前搜尋迷宮出口的老鼠所在的位置。如此一直重覆這些動作直到走到出口為止。例如下圖是以小球來代表迷宮中的老鼠：

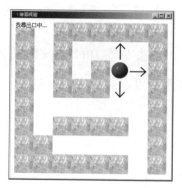

● 在迷宮中搜尋出口

● 終於找到迷宮出口

以下利用 Python 演算法來加以描述迷宮搜尋的概念：

```
if 上一格可走：
    加入方格編號到堆疊
    往上走
    判斷是否為出口
elif 下一格可走：
    加入方格編號到堆疊
    往下走
    判斷是否為出口
```

```
elif 左一格可走：
    加入方格編號到堆疊
    往左走
    判斷是否為出口
elif 右一格可走：
    加入方格編號到堆疊
    往右走
    判斷是否為出口
else:
    從堆疊刪除一方格編號
    從堆疊中取出一方格編號
    往回走
```

　　上面的演算法是每次進行移動時所執行的內容，其主要是判斷目前所在位置的上、下、左、右是否有可以前進的方格，若找到可移動的方格，便將該方格的編號加入到記錄移動路徑的堆疊中，並往該方格移動，而當四周沒有可走的方格時，就必須退回前一格重新再來檢查是否有其他可走的路徑。

範例 **ch02_03.py** ▍ **請設計迷宮問題的 Python 程式實作。**

```python
01  #================ Program Description ================
02  # 程式目的： 老鼠走迷宮
03
04  class Node:
05      def __init__(self,x,y):
06          self.x=x
07          self.y=y
08          self.next=None
09
10  class TraceRecord:
11      def __init__(self):
12          self.first=None
13          self.last=None
14
15      def isEmpty(self):
16          return self.first==None
17
18      def insert(self,x,y):
```

```
19          newNode=Node(x,y)
20          if self.first==None:
21              self.first=newNode
22              self.last=newNode
23          else:
24              self.last.next=newNode
25              self.last=newNode
26
27      def delete(self):
28          if self.first==None:
29              print('[佇列已經空了]')
30              return
31          newNode=self.first
32          while newNode.next!=self.last:
33              newNode=newNode.next
34          newNode.next=self.last.next
35          self.last=newNode
36
37  ExitX= 8    # 定義出口的 X 座標在第八列
38  ExitY= 10   # 定義出口的 Y 座標在第十行
39  # 宣告迷宮陣列
40  MAZE= [[1,1,1,1,1,1,1,1,1,1,1,1], \
41        [1,0,0,0,1,1,1,1,1,1,1,1], \
42        [1,1,1,0,1,1,0,0,0,0,1,1], \
43        [1,1,1,0,1,1,0,1,1,0,1,1], \
44        [1,1,1,0,0,0,0,1,1,0,1,1], \
45        [1,1,1,0,1,1,0,1,1,0,1,1], \
46        [1,1,1,0,1,1,0,1,1,0,1,1], \
47        [1,1,1,1,1,1,0,1,1,0,1,1], \
48        [1,1,0,0,0,0,0,0,1,0,0,1], \
49        [1,1,1,1,1,1,1,1,1,1,1,1]]
50
51  def chkExit(x,y,ex,ey):
52      if x==ex and y==ey:
53          if(MAZE[x-1][y]==1 or MAZE[x+1][y]==1 or MAZE[x][y-1] ==1 or
    MAZE[x][y+1]==2):
54              return 1
55          if(MAZE[x-1][y]==1 or MAZE[x+1][y]==1 or MAZE[x][y-1] ==2 or
    MAZE[x][y+1]==1):
56              return 1
57          if(MAZE[x-1][y]==1 or MAZE[x+1][y]==2 or MAZE[x][y-1] ==1 or
    MAZE[x][y+1]==1):
58              return 1
```

```
59          if(MAZE[x-1][y]==2 or MAZE[x+1][y]==1 or MAZE[x][y-1] ==1 or
   MAZE[x][y+1]==1):
60              return 1
61      return 0
62
63  # 主程式
64
65
66  path=TraceRecord()
67  x=1
68  y=1
69
70  print('[ 迷宮的路徑 (0 的部分 )]')
71  for i in range(10):
72      for j in range(12):
73          print(MAZE[i][j],end='')
74  print()
75  while x<=ExitX and y<=ExitY:
76      MAZE[x][y]=2
77      if MAZE[x-1][y]==0:
78          x -= 1
79          path.insert(x,y)
80      elif MAZE[x+1][y]==0:
81          x+=1
82          path.insert(x,y)
83      elif MAZE[x][y-1]==0:
84          y-=1
85          path.insert(x,y)
86      elif MAZE[x][y+1]==0:
87          y+=1
88          path.insert(x,y)
89      elifchkExit(x,y,ExitX,ExitY)==1:
90          break
91      else:
92          MAZE[x][y]=2
93          path.delete()
94          x=path.last.x
95          y=path.last.y
96  print('[ 老鼠走過的路徑 (2 的部分 )]')
97  for i in range(10):
98      for j in range(12):
99          print(MAZE[i][j],end='')
100     print()
```

⟳ 執行結果

```
[迷宮的路徑(0的部分)]
111111111111
100011111111
111011000011
111011011011
111000011011
111011011011
111011011011
111111011011
110000001001
111111111111
[老鼠走過的路徑(2的部分)]
111111111111
122211111111
111211222211
111211211211
111222211211
111211011211
111211011211
111111011211
110000001221
111111111111
```

想一想，怎麼做？

1. 試簡述分治法的核心精神。

2. 遞迴至少要定義哪兩種條件？

3. 試簡述貪心法的主要核心概念。

4. 簡述動態規劃法與分治法的差異。

5. 什麼是疊代法，請簡述之。

6. 枚舉法的核心概念是什麼？試簡述之。

7. 回溯法的核心概念是什麼？試簡述之。

MEMO

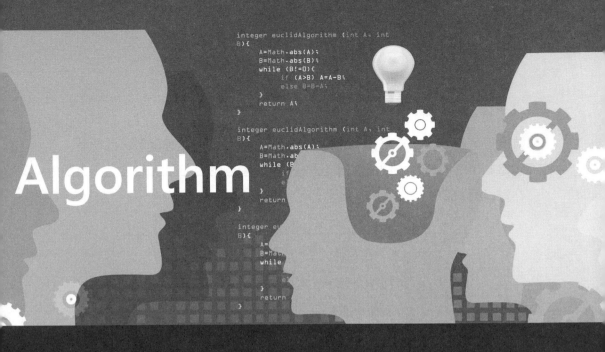

Algorithm

3

超人氣資料結構簡介

>> 認識資料結構

>> 資料結構的種類

>> 盤根錯節的樹狀結構

>> 學會藏寶圖的密技 - 圖形簡介

>> 雜湊表

人們當初試圖建造電腦的主要原因之一，是用來儲存及管理一些數位化資料清單與資料，這也是資料結構觀念的由來。當我們要求電腦解決問題時，必須以電腦了解的模式來描述問題，資料結構是資料的表示法，也就是指電腦中儲存資料的方法。

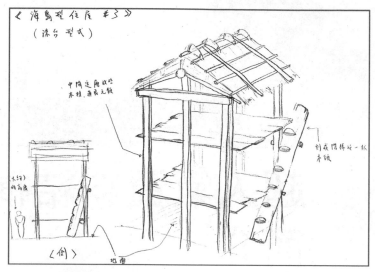

❶ 寫程式就像蓋房子一樣，先要規劃出房子的結構圖

簡單來說，資料結構的定義就是一種輔助程式設計最佳化的方法論，它不僅討論到儲存的資料，同時也考慮到彼此之間的關係與運算，達到加快執行速度與減少記憶體佔用空間等功用。

❶ 圖書館的書籍管理是一種資料結構的應用

3-1 認識資料結構

在資訊科技發達的今日，我們每天的生活已經和電腦產生密切的結合，加上電腦處理速度快與儲存容量大的兩大特點，在資料處理的角色上更為舉足輕重。資料結構無疑就是資料進入電腦化處理的一套完整邏輯。就像程式設計師必需選擇一種資料結構來進行資料的新增、修改、刪

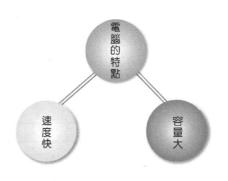

除、儲存等動作，如果在選擇資料結構時作了錯誤的決定，那程式執行起來的速度將變得沒有效率，更甚者若選錯了資料型態，那後果更是不堪設想。

例如醫院會將事先設計好的個人病歷表格準備好，當有新病患上門時，就請他們自行填寫，之後管理人員可能依照某種次序，如姓氏或年齡來將病歷表加以分類，再用資料夾或檔案櫃加以收藏。日後當某位病患回診時，只要詢問病患的姓名或是年齡。即可快速地從資料夾或檔案櫃中找出病患的病歷表，而這個檔案櫃中所存放的病歷表就是一種資料結構概念的應用。

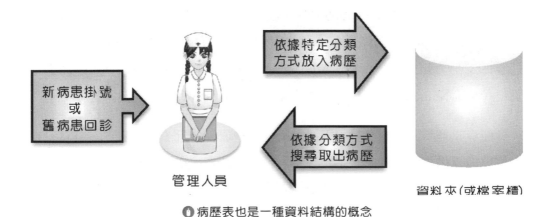

❶ 病歷表也是一種資料結構的概念

接著來看以下「資料表」的資料結構就是一種二維的矩陣，縱的方向稱為「欄」（Column），橫的方向稱為「列」（Row），每一張資料表的最上面一列用來放資料項目名稱，稱為「欄位名稱」（Field Name），而除了欄位名稱這一列外，通通都用來存放一項項資料，則稱為「值」（Value），如下表所示：

姓名	性別	生日	職稱	薪資
李正銜	男	61/01/31	總裁	200,000.0
劉文沖	男	62/03/18	總經理	150,000.0
林大牆	男	63/08/23	業務經理	100,000.0
廖鳳茗	女	59/03/21	行政經理	100,000.0
何美菱	女	64/01/08	行政副理	80,000.0
周碧豫	女	66/06/07	秘書	40,000.0

欄位名稱 → 姓名

欄位

列（記錄）

值

3-1-1　資料與資訊

談到資料結構，首先要了解何謂資料（Data）、資訊（Information）。從字義上來看，資料指的是一種未經處理的原始文字（Word）、數字（Number）、符號（Symbol）或圖形（Graph）等，我們可將資料分為兩大類，一為數值資料（Numeric Data），例如 0, 1, 2, 3…9 所組成，可用運算子（Operator）來做運算的；另一類為文數資料（Alphanumeric Data），像 A, B, C…+,* 等非數值資料（Non-Numeric Data）。例如姓名或我們常看到的課表、通訊錄等等。

而資訊是將大量的資料，經過有系統的整理、分析、篩選處理，且具有參考價值並提供決策依據的文字、數字、符號或圖表。在「資訊革命」洪潮中，如何掌握資訊、利用資訊，將會是個人或事業體發展成功的重要原因，加上與電腦的充分配合，更能使資訊的價值發揮到淋漓盡致。

　　不過各位可能會有疑問：「那麼資料和資訊的角色是否絕對一成不變？」。這倒也不一定，同一份文件可能在某種狀況下為資料，而在另一種狀況下則為資訊。例如台北市每週的平均氣溫是 25℃，這段文字僅是陳述事實的一種資料，並無法判定高雄市是否為一個炎熱或涼爽的都市。

　　例如一個學生的國文成績是 90 分，我們可以說這是一筆成績的資料，但無法判斷它具備任何意義。然而若經過排序（sorting）的處理，就可以知道這學生國文成績在班上同學中的名次，和清楚在這班學生中的相對好壞，因此這就是一種資訊，排序則是資料結構的一種應用。

　　資料結構主要是表示資料在電腦記憶體中所儲存的位置和模式，通常可以區分為以下三種型態。

🌣 基本資料型態（**Primitive Data Type**）

　　無法以其他型態來定義的資料型態，或稱為純量資料型態（Scalar Data Type），幾乎所有的程式語言都會提供一組基本資料，例如 Python 語言中的基本資料型態，就包括了整數、浮點、布林（bool）資料型態及字串。

結構化資料型態（Structured Data Type）

或稱為虛擬資料型態（Virtual Data Type），是一種比基本資料型態更高一層的類型，例如字串（string）、陣列（array）、指標（pointer）、串列（list）、檔案（file）等。

抽象資料型態（Abstract Data Type, ADT）

對一種資料型態而言，我們可以將其看成是一種值的集合，以及在這些值上所作的運算與本身所代表的屬性所成的集合。抽象資料型態所代表的便是定義這種資料型態所具備的數學關係，亦即 ADT 在電腦中是表示一種「資訊隱藏」（Information Hiding）的精神與某一種特定的關係模式。例如堆疊（Stack）這種後進先出（Last In, First Out）的資料運作方式，就是很典型的 ADT 模式。

3-2 資料結構的種類

資料結構可透過程式語言所提供的資料型別、參照及其他操作加以實作，我們知道一個程式能否快速而有效率的完成預定的任務，取決於是否選對了資料結構，而程式是否能清楚而正確的把問題解決，則取決於演算法。所以各位可以直接這麼認為：「資料結構加上演算法等於有效率、可執行的程式。」

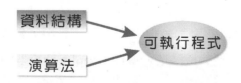

不同種類的資料結構適合於不同種類的應用，選擇適當的資料結構將可讓演算法發揮最大效能，並帶來最優效率的演算法。以下我們將為各位介紹一些常見的資料結構。

3-2-1　陣列

「陣列」（Array）結構就是一排緊密相鄰的可數記憶體，並提供能夠直接存取單一資料內容的計算方法。各位其實可以想像成住家前面的信箱，每個信箱都有住址，其中路名就是名稱，而信箱號碼就是索引，郵差可以依照傳遞信件上的住址，直接投遞到指定的信箱中，這就好比程式語言中陣列的名稱是表示一塊緊密相鄰記憶體的起始位置，而陣列的索引功能則是用來表示從此記憶體起始位置的第幾個區塊。

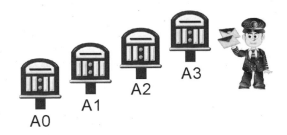

通常陣列的使用可以分成一維陣列、二維陣列與多維陣列等等，其基本的運作原理都相同。例如以 Python 語法宣告一個名稱為 Score，串列長度（以資料結構較常見的說法稱為陣列大小）為 5 的串列（Python 語言的 List 資料型態，其功能類似資料結構學科中所討論的陣列 Array），其宣告語法及示意圖如下：

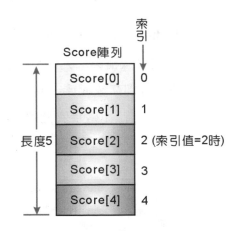

```
Score[0]*5
```

二維陣列

二維陣列（Two-dimension Array）可視為一維陣列的延伸，都是處理相同資料型態資料，差別只在於維度的宣告。例如一個含有 m*n 個元素的二維陣列 A(1:m, 1:n)，m 代表列數，n 代表行數，各個元素在直觀平面上的排列方式如下矩陣，A[4][4] 陣列中各個元素在直觀平面上的排列方式如右：

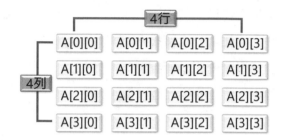

在 Python 中，串列中可以有串列，這種就稱為二維串列，要讀取二維串列的資料可以透過 for 迴圈。二維串列簡單來講就是串列中的元素是串列，下述簡例說分明：

```
number = [[11, 12, 13], [22, 24, 26], [33, 35, 37]]
```

上述中的 number 是一個串列。number[0] 或稱第一列索引，存放另一個串列；number[1] 或稱第二列索引，也是存放另一個串列，依此類推。第一列索引有 3 欄，各別存放元素，其位置 number[0][0] 是指向數值 [11]，number[0][1] 是指向數值「12」，依此類推。所以 number 是 3*3 的二維串列（two-dimensional list），其列和欄的索引示意如下：

	欄索引 [0]	欄索引 [1]	欄索引 [2]
列索引 [0]	11	12	13
列索引 [1]	22	24	26
列索引 [2]	33	35	37

三維陣列

接著來看看三維陣列（Three-dimension Array），基本上三維陣列的表示法和二維陣列一樣，皆可視為是一維陣列的延伸，如果陣列為三維陣列時，亦可看作是一個立方體。

以下是將 arr[2][3][4] 三維陣列想像成空間上的立方體圖形：

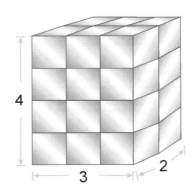

例如在 Python 語言中三維陣列宣告方式如下：

```
arr=[[[33,4,6,12],[23,71,6,15],[55,38,6,18]],[[21,9,15,21],[38,69,18,26],
[90,101,89,16]]]
```

3-2-2　鏈結串列

鏈結串列（Linked List）是由許多相同資料型態的項目，依照特定順序排列而成的線性串列，在電腦記憶體中位置是不連續、隨機（Random）

的方式儲存，優點是資料的插入或刪除都相當方便。當有新資料加入就向系統要一塊記憶體空間，資料刪除後，就把空間還給系統，不需要移動大量資料。

日常生活中有許多鏈結串列的抽象運用，例如想像成自強號火車，有多少人就掛多少節的車廂，當假日人多時就多掛些車廂，人少了就把車廂數量減少，作法十分彈性。

在動態配置記憶體空間時，最常使用的就是「單向鏈結串列」（Single Linked List）。基本上，一個單向鏈結串列節點是由兩個欄位，即資料欄及指標欄（或稱鏈結欄位）組成，而指標欄將會指向下一個元素的記憶體所在位置。如下圖所示：

1	資料欄位
2	鏈結欄位

在「單向鏈結串列」中第一個節點是「串列指標首」，而指向最後一個節點的鏈結欄位設為 None，表示它是「串列指標尾」，代表不指向任何地方。例如串列 A={a, b, c, d, x}，其單向串列資料結構如下：

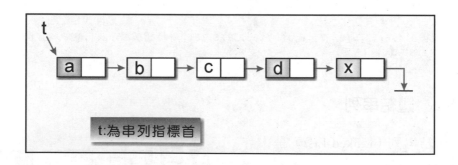

由於串列中所有節點都知道節點本身的下一個節點在那裡，但是對於前一個節點卻沒有辦法知道，所以在串列的各種動作中，「串列指標首」就顯得相當重要，只要有串列首存在，就可以對整個串列進行走訪、加入及刪除節點等動作，並且除非必要否則不可移動串列指標首。

3-2-3　堆疊

　　堆疊（Stack）是一群相同資料型態的組合，所有的動作都在頂端進行，具「後進先出」（Last In, First Out: LIFO）的特性。所謂後進先出就如同自助餐中餐盤由桌面往上一個一個疊放，且取用時由最上面先拿，這就是一種典型堆疊概念的應用。

　　取用時由最上面的餐盤先拿

　　餐盤一個一個往上疊放

💧 自助餐中餐盤存取就是一種堆疊的應用

　　堆疊是一種抽象型資料結構，其特性如下：

① 只能從堆疊的頂端存取資料。

② 資料的存取符合後進先出（**LIFO**）的原則。

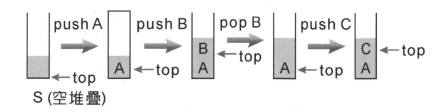

S (空堆疊)

堆疊的基本運算可以具備以下五種工作定義：

create	建立一個空堆疊。
push	存放頂端資料，並傳回新堆疊。
pop	刪除頂端資料，並傳回新堆疊。
isEmpty	判斷堆疊是否為空堆疊，是則傳回 True，不是則傳回 False。
full	判斷堆疊是否已滿，是則傳回 True，不是則傳回 False。

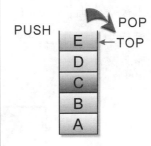

3-2-4　佇列

佇列（Queue）和堆疊都是一種有序串列，也屬於抽象型資料型態（ADT），它所有加入與刪除的動作都發生在不同的兩端，並且符合 "First In, First Out"（先進先出）的特性。佇列的觀念就好比搭捷運時，先到的人即優先搭乘，而隊伍的後端又陸續有新的乘客加入排隊。

搭乘捷運的隊伍就是佇列原理的應用

佇列在電腦領域的應用也相當廣泛，例如計算機的模擬（simulation）、CPU 的工作排程（Job Scheduling）、線上同時周邊作業系統的應用，與圖形走訪的先廣後深搜尋法（BFS）。堆疊只需一個 top，指標指向堆疊頂，而佇列則必須使用 front 和 rear 兩個指標分別指向前端和尾端，如下圖所示：

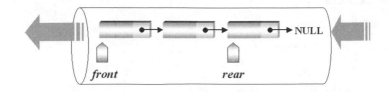

佇列是一種抽象型資料結構，其特性如下：

① 具有先進先出（**FIFO**）的特性。

② 擁有兩種基本動作：加入與刪除，而且使用 front 與 rear 兩個指標來分別指向佇列的前端與尾端。

佇列的基本運算可以具備以下五種工作定義：

create	建立空佇列。
add	將新資料加入佇列的尾端，傳回新佇列。
delete	刪除佇列前端的資料，傳回新佇列。
front	傳回佇列前端的值。
empty	若佇列為空集合，傳回真，否則傳回偽。

3-3　盤根錯節的樹狀結構

樹狀結構是一種日常生活中應用相當廣泛的非線性結構，舉凡從企業內的組織架構、家族內的族譜、籃球賽程、公司組織圖等，再到電腦領域中的作業系統與資料庫管理系統都是樹狀結構的衍生運用。

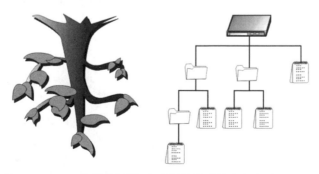

◑ Windows 的檔案總管是以樹狀結構儲存各種資料檔案

例如在大型線上遊戲中，需要取得某些物體所在的地形資訊，如果程式是依次從構成地形的模型三角面尋找，往往會耗費許多執行時間而沒有效率。因此程式設計師就會使用樹狀結構中的二元空間分割樹（BSP tree）、四元樹（Quadtree）、八元樹（Octree）等來分割場景資料。

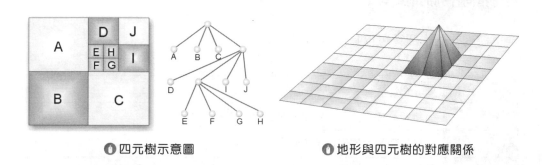

❶四元樹示意圖　　　　　　❶地形與四元樹的對應關係

3-3-1　樹的基本觀念

「樹」（Tree）是由一個或一個以上的節點（Node）組成，其中存在一個特殊的節點，稱為樹根（Root），每個節點可代表一些資料和指標組合而成的記錄。其餘節點則可分為 $n \geq 0$ 個互斥的集合，即是 $T_1, T_2, T_3 ... T_n$，則每一個子集合本身也是一種樹狀結構及此根節點的子樹，如右圖：

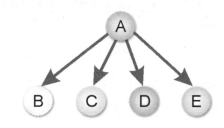

❶ A 為根節點，B、C、D、E 均為 A 的子節點

一棵合法的樹，節點間可以互相連結，但不能形成無出口的迴圈。右圖就是一棵不合法的樹：

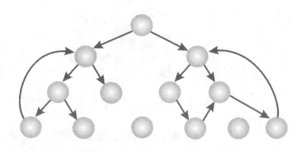

在樹狀結構中，有許多常用的專有名詞，我們利用下圖中這棵合法的樹，來為各位簡單介紹：

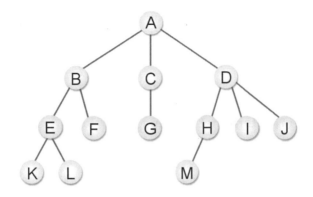

- **分支度（Degree）**：每個節點所有的子樹個數。例如像上圖中節點 B 的分支度為 2，D 的分支度為 3，F、G、I、J 等為 0。

- **階層或階度（Level）**：樹的層級，假設樹根 A 為第一階層，BCD 節點即為階層 2，E、F、G、H、I、J 為階層 3。

- **高度（Height）**：樹的最大階度。例如上圖的樹高度為 4。

- **樹葉或稱終端節點（Terminal Nodes）**：分支度為 0 的節點，如上圖中的 K、L、F、G、M、I、J。

- **父節點（Parent）**：每一個節點有連結的上一層節點為父節點，例如 F 的父點為 B，M 的父點為 H，通常在繪製樹狀圖時，我們會將父節點畫在子節點的上方。

- **子節點（Children）**：每一個節點有連結的下一層節點為子節點，例如 A 的子點為 B、C、D，B 的子點為 E、F。

- **祖先（Ancestor）和子孫（Descendent）**：所謂祖先，是指從樹根到該節點路徑上所包含的節點，而子孫則是在該節點往下追溯子樹中的任一節點。例如 K 的祖先為 A、B、E 節點，H 的祖先為 A、D 節點，節點 B 的子孫為 E、F、K、L。

- **兄弟節點（Siblings）**：有共同父節點的節點為兄弟節點，例如 B、C、D 為兄弟，H、I、J 也為兄弟。

- **非終端節點（Nonterminal Nodes）**：樹葉以外的節點，如 A、B、C、D、E、H 等。

- **同代（Generation）**：具有相同階層數的節點，例如 E、F、G、H、I、J，或是 B、C、D。

- **樹林（Forest）**：樹林是由 n 個互斥樹的集合（n≧0），移去樹根即為樹林。下圖就為包含三棵樹的樹林。

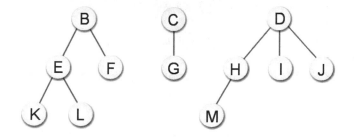

3-3-2　二元樹

由於一般樹狀結構在電腦記憶體中的儲存方式是以鏈結串列（Linked List）為主。不過對於 n 元樹（n-way 樹）來說，因為每個節點的分支度都不相同，為了方便起見，我們必須取 n 為鏈結個數的最大固定長度，而每個節點的資料結構如下：

data	link₁	link₂			linkₙ

在此請特別注意，這種 n 元樹十分浪費鏈結空間。假設此 n 元樹有 m 個節點，那麼此樹共用了 n*m 個鏈結欄位。另外因為除了樹根外，每一個非空鏈結都指向一個節點，所以得知空鏈結個數為 n*m-(m-1)=m*(n-1)+1，而 n 元樹的鏈結浪費率為 $\frac{m*(n-1)+1}{m*n}$。因此我們可以得到以下結論：

n=2 時，2 元樹的鏈結浪費率約為 1/2

n=3 時，3 元樹的鏈結浪費率約為 2/3

n=4 時，4 元樹的鏈結浪費率約為 3/4

……………

當 n=2 時，它的鏈結浪費率最低，所以為了改進空間浪費的缺點，我們最常使用二元樹（Binary Tree）結構來取代樹狀結構。

二元樹（又稱 knuth 樹）是一個由有限節點所組成的集合，它可以為空集合，或由一個樹根及左右兩個子樹所組成。簡單的說，二元樹最多只能有兩個子節點，就是分支度小於或等於 2。其電腦中的資料結構如下：

LLINK	Data	RLINK

至於二元樹和一般樹的不同之處，我們整理如下：

① 樹不可為空集合，但是二元樹可以。

② 樹的分支度為 d≧0，但二元樹的節點分支度為 0 ≦ d ≦ 2。

③ 樹的子樹間沒有次序關係，二元樹則有。

以下就讓我們看一棵實際的二元樹，如右圖所示：

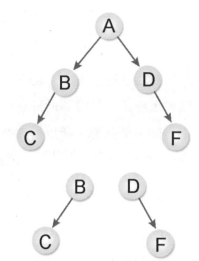

上圖是以 A 為根節點的二元樹，且包含了以 B、D 為根節點的兩棵互斥的左子樹與右子樹。

以上這兩個左右子樹都是屬於同一種樹狀結構，不過卻是二棵不同的二元樹結構，原因就是二元樹必須考慮到前後次序關係。這點請各位讀者特別留意。

3-4 學會藏寶圖的密技 - 圖形簡介

我們可以這樣形容；樹狀結構是描述節點與節點之間「層次」的關係，但是圖形結構卻是討論兩個頂點之間「相連與否」的關係，在圖形中連接兩頂點的邊若填上加權值（也可以稱為花費值），這類圖形就稱為「網路」。

● 圖形的應用在生活中非常普遍

圖形理論起源於 1736 年，瑞士數學家尤拉（Euler）為了解決「肯尼茲堡橋樑」問題，而想出來的一種資料結構理論，也就是著名的七橋理論。簡單來說，就是有七座橫跨四個城市的大橋。尤拉所思考的問題是這樣的，「是否有人在只經過每一座橋樑一次的情況下，把所有地方走過一次而且回到原點。」

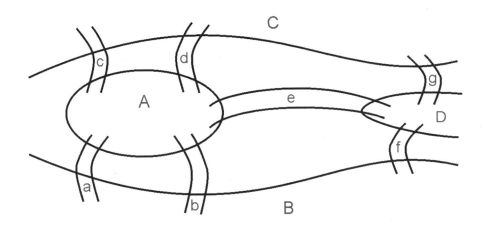

　　尤拉當時使用的方法就是以圖形結構進行分析。他先以頂點表示土地，以邊表示橋樑，並定義連接每個頂點的邊數稱為該頂點的分支度。我們將以右邊簡圖來表示「肯尼茲堡橋樑」問題。

❶ 尤拉環

　　最後尤拉找到一個結論：「當所有頂點的分支度皆為偶數時，才能從某頂點出發，經過每一邊一次，再回到起點。」也就是說，在上圖中每個頂點的分支度都是奇數，所以尤拉所思考的問題是不可能發生的，這個理論就是有名的「尤拉環」（Eulerian cycle）理論。

　　但如果條件改成從某頂點出發，經過每邊一次，不一定要回到起點，亦即只允許其中兩個頂點的分支度是奇數，其餘則必須全部為偶數，符合這樣的結果就稱為尤拉鏈（Eulerian chain）。

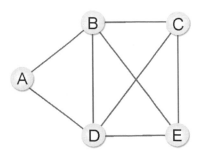

3-4-1　圖形的定義

圖形是由「頂點」和「邊」所組成的集合，通常用 G=(V,E) 來表示，其中 V 是所有頂點所成的集合，而 E 代表所有邊所成的集合。圖形的種類有兩種：一是無向圖形，一是有向圖形，無向圖形以 (V_1,V_2) 表示，有向圖形則以 <V_1,V_2> 表示其邊線。

無向圖形

無向圖形（Graph）是一種具備同邊的兩個頂點沒有次序關係，例如 (V_1,V_2) 與 (V_2,V_1) 是代表相同的邊。如右圖所示：

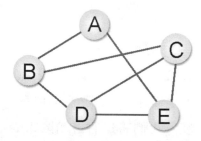

```
V={A,B,C,D,E}
E={(A,B),(A,E),(B,C),(B,D),(C,D),(C,E),(D,E)}
```

有向圖形

有向圖形（Digraph）是每一個邊都可使用有序對 <V_1,V_2> 來表示，並且 <V_1,V_2> 與 <V_2,V_1> 是表示兩個方向不同的邊，而所謂 <V_1,V_2>，是指 V_1 為尾端指向為頭部的 V_2。如右圖所示：

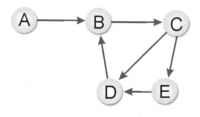

```
V={A,B,C,D,E}
E={<A,B>,<B,C>,<C,D>,<C,E>,<E,D>,<D,B>}
```

3-5 雜湊表

雜湊表是一種儲存記錄的連續記憶體,能透過雜湊函數的應用,快速存取與搜尋資料。所謂雜湊函數(hashing function)就是將本身的鍵值,經由特定的數學函數運算或使用其他的方法,轉換成相對應的資料儲存位址。

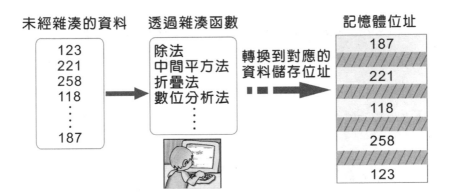

現在先來介紹有關雜湊函數的相關名詞:

- **bucket(桶)**:雜湊表中儲存資料的位置,每一個位置對應到唯一的一個位址(bucket address),桶就好比一筆記錄。

- **slot(槽)**:每一筆記錄中可能包含好幾個欄位,而 slot 指的就是「桶」中的欄位。

- **collision(碰撞)**:若兩筆不同的資料,經過雜湊函數運算後,對應到相同的位址時,稱為碰撞。

- **溢位**:如果資料經過雜湊函數運算後,所對應到的 bucket 已滿,則會使 bucket 發生溢位。

- **雜湊表**:儲存記錄的連續記憶體。雜湊表是一種類似資料表的索引表格,其中可分為 n 個 bucket,每個 bucket 又可分為 m 個 slot,如下圖所示:

索引	姓名	電話
0001	Allen	07-773-1234
0002	Jacky	07-773-5525
0003	May	07-773-6604

bucket →（指向第一列）

↑ slot　　　　↑ slot

- **同義字（Synonym）**：當兩個識別字 I_1 及 I_2，經雜湊函數運算後所得的數值相同，即 $f(I_1)=f(I_2)$，則稱 I_1 與 I_2 對於 f 這個雜湊函數是同義字。

- **載入密度（Loading Factor）**：所謂載入密度是指識別字的使用數目除以雜湊表內槽的總數：

$$\alpha\,(\text{載入密度}) = \frac{n\,(\text{識別字的使用數目})}{s\,(\text{每一個桶內的槽數}) * b\,(\text{桶的數目})}$$

如果 α 值愈大則表示雜湊空間的使用率越高，碰撞或溢位的機率會越高。

- **完美雜湊（perfect hashing）**：指沒有碰撞又沒有溢位的雜湊函數。

在此建議各位，通常在設計雜湊函數應該遵循底下幾個原則：

① 降低碰撞及溢位的產生。

② 雜湊函數不宜過於複雜，越容易計算越佳。

③ 儘量把文字的鍵值轉換成數字的鍵值，以利雜湊函數的運算。

④ 所設計的雜湊函數計算而得的值，儘量能均勻地分佈在每一桶中，不要太過於集中在某些桶內，以降低碰撞並減少溢位的處理。

想一想，怎麼做？

1. 試解釋抽象資料型（ADT）。

2. 簡述資料與資訊的差異。

3. 資料結構主要是表示資料在電腦記憶體中所儲存的位置和模式，通常可以區分為哪三種型態？

4. 試簡述一個單向鏈結串列節點欄位的組成。

5. 請簡單說明堆疊與佇列的主要特性。

6. 何謂尤拉鏈理論？試繪圖說明。

7. 請解釋下列雜湊函數的相關名詞。

   - bucket（桶）
   - 同義字
   - 完美雜湊
   - 碰撞

8. 一般樹狀結構在電腦記憶體中的儲存方式是以鏈結串列為主，對於 n 元樹（n-way 樹）來說，我們必須取 n 為鏈結個數的最大固定長度，請說明為了改進空間浪費的缺點，我們最常使用二元樹（Binary Tree）結構來取代樹狀結構。

MEMO

4 新手快速學會的
最夯排序演算法

排序（Sorting）演算法是最常使用到的一種演算法，目的是將一串不規則的數值資料依照遞增或是遞減的方式重新編排。隨着大數據和人工智慧技術（Artificial Intelligence, AI）的普及和應用，排序演算法成為非常重要的工具之一，甚至在年輕人常玩的遊戲程式設計中，就有利用到排序的技巧。例如在處理多邊形模型中的隱藏面消除的過程時，不管場景中的多邊形有沒有擋住

參加比賽最重要是分出排名順序

其他的多邊形，只要按照從後面到前面順序的光柵化圖形就可以正確顯示所有可見的圖形，這時可以沿著觀察方向，按照多邊形的深度資訊對它們進行排序處理。

科技新知，不可不知

光柵處理的主要作用是將 3D 模型轉換成能夠被顯示於螢幕的圖像，並對圖像做修正和進一步美化處理，讓展現眼前的畫面能更為逼真與生動。

4-1 認識排序

「排序」（Sorting）功能對於電腦相關領域而言，是一種非常重要且普遍的工作。所謂「排序」，就是將一群資料按照某一個特定規則重新排列，使其具有遞增或遞減的次序關係。按照特定規則，用以排序的依據，我們稱為鍵（Key），它所含的值就稱為「鍵值」。 通常鍵值資料型態有數值型態、中文字串型態及非中文字串型態三種。

如果鍵值為數值型態，在比較的過程中，則直接以數值的大小作為鍵值大小比較的依據；但如果鍵值為中文字串，則依該中文字串由左到右逐字比較，並以該中文內碼（例如：中文繁體 BIG5 碼、中文簡體 GB 碼）的編碼順序作為鍵值大小比較的依據。最後假設該鍵值為非中文字串，則和中文字串型態的比較方式類似，仍然以該字串由左到右逐字比較，不過卻以該字串的 ASCII 碼的編碼順序作為鍵值大小比較的依據。

在排序的過程中，電腦中資料的移動方式可分為「直接移動」及「邏輯移動」兩種。「直接移動」是直接交換儲存資料的位置，而「邏輯移動」並不會移動資料儲存位置，僅改變指向這些資料的輔助指標的值。

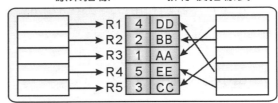

△ 直接移動排序　　　　　　　　　△ 邏輯移動排序

兩者間優劣在於：直接移動會浪費許多時間進行資料的更動；而邏輯移動只要改變輔助指標指向的位置就能輕易達到排序的目的。例如在資料庫中可在報表中可顯示多筆記錄，也可以針對這些欄位的特性來分組，並進行排序與彙總，這就是屬於邏輯移動，而不是真正移動實際改變檔案中的位置。基本上，資料在經過排序後，會有下列三點好處：

① 資料較容易閱讀。

② 資料較利於統計及整理。

③ 可大幅減少資料搜尋的時間。

排序的各種演算法稱得上是資料科學這門學科的精髓所在。每一種排序方法都有其適用的情況與資料種類。

4-2 氣泡排序法

氣泡排序法又稱為交換排序法，是由觀察水中氣泡變化構思而成，原理是由第一個元素開始，比較相鄰元素大小，如果大小順序有誤，則對調後再進行下一個元素的比較，就彷彿氣泡逐漸由水底逐漸冒升到水面上一樣。如此掃瞄過一次之後就可確保最後一個元素是位於正確的順序。接著再逐步進行第二次掃瞄，直到完成所有元素的排序關係為止。

以下排序我們利用 55、23、87、62、16 的排序過程，您可以清楚知道氣泡排序法的演算流程：

由小到大排序

原始值： 55　23　87　62　16

❶ 第一次掃瞄會先拿第一個元素 55 和第二個元素 23 作比較，如果第二個元素小於第一個元素，則作交換的動作。接著拿 55 和 87 作比較，就這樣一直比較並交換，到第 4 次比較完後即可確定最大值在陣列的最後面。

第一次掃瞄：

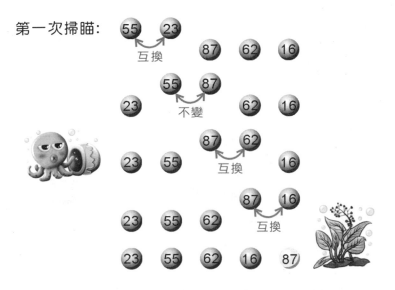

❷　第二次掃瞄亦從頭比較起，但因最後一個元素在第一次掃瞄就已確定是陣列最大值，故只需比較 3 次即可把剩餘陣列元素的最大值排到剩餘陣列的最後面。

第二次掃瞄：

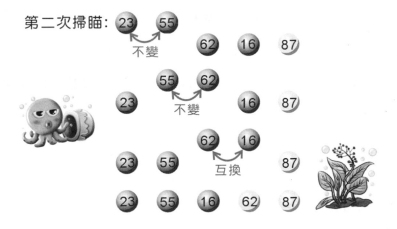

❸ 第三次掃瞄完，完成三個值的排序。

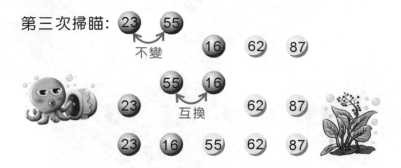

第三次掃瞄：

❹ 第四次掃瞄完，即可完成所有排序。

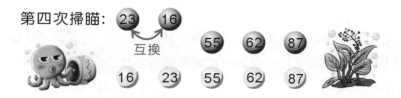

第四次掃瞄：

由此可知 5 個元素的氣泡排序法必須執行 5-1 次掃瞄，第一次掃瞄需比較 5-1 次，共比較 4+3+2+1=10 次。

範例 **ch04_01.py** 接著請設計一 Python 程式，並使用氣泡排序法來將以下的數列排序：

```
16,25,39,27,12,8,45,63
```

```
01  data=[16,25,39,27,12,8,45,63]    # 原始資料
02  print(' 氣泡排序法：原始資料為：')
03  for i in range(8):
04      print('%3d' %data[i],end='')
05  print()
06
07  for i in range(7,-1,-1): # 掃描次數
08      for j in range(i):
```

```
09              if data[j]>data[j+1]:# 比較，交換的次數
10                  data[j],data[j+1]=data[j+1],data[j]# 比較相鄰兩數，如果第一
    數較大則交換
11      print(' 第 %d 次排序後的結果是：' %(8-i),end='')  # 把各次掃描後的結果印
出
12      for j in range(8):
13          print('%3d' %data[j],end='')
14      print()
15
16  print(' 排序後結果為：')
17  for j in range(8):
18      print('%3d' %data[j],end='')
19  print()
```

執行結果

```
氣泡排序法：原始資料為：
 16 25 39 27 12  8 45 63
第 1 次排序後的結果是：  16 25 27 12  8 39 45 63
第 2 次排序後的結果是：  16 25 12  8 27 39 45 63
第 3 次排序後的結果是：  16 12  8 25 27 39 45 63
第 4 次排序後的結果是：  12  8 16 25 27 39 45 63
第 5 次排序後的結果是：   8 12 16 25 27 39 45 63
第 6 次排序後的結果是：   8 12 16 25 27 39 45 63
第 7 次排序後的結果是：   8 12 16 25 27 39 45 63
第 8 次排序後的結果是：   8 12 16 25 27 39 45 63
排序後結果為：
  8 12 16 25 27 39 45 63
```

4-3　選擇排序法

　　選擇排序法（Selection Sort）也算是枚舉法的應用，概念就是反覆從未排序的數列中取出最小的元素，加入到另一個數列，結果即為已排序的數列。選擇排序法可使用兩種方式排序，一為在所有的資料中，當由大至小排序時，則將最大值放入第一位置；若由小至大排序時，則將最大值放入位置末端。例如一開始在所有的資料中挑選一個最小項放在第一個位置（假設是由小到大），再從第二筆開始挑選一個最小項放在第 2 個位置，依樣重覆，直到完成排序為止。

以下利用 55、23、87、62、16 數列的由小到大排序過程，來說明選擇排序法的演算流程：

原始值：55　23　87　62　16

❶ 首先找到此數列中最小值後與第一個元素交換。

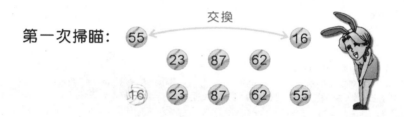

❷ 從第二個值找起，找到此數列中（不包含第一個）的最小值，再和第二個值交換。

❸ 從第三個值找起，找到此數列中（不包含第一、二個）的最小值，再和第三個值交換。

❹ 從第四個值找起，找到此數列中（不包含第一、二、三個）的最小值，再和第四個值交換，則此排序完成。

第四次掃瞄： 16　23　55

16　23　55　62　87

範例　ch04_02.py ┃ 請設計一 Python 程式，並使用選擇排序法來將以下的數列排序：

16,25,39,27,12,8,45,63

```
01  def showdata (data):
02      for i in range(8):
03          print("%3d" %data[i],end='')
04
05  def select (data):
06      for i in range(7):
07          smallest=data[i]
08          index=i
09          for j in range(i+1,8):   # 由 i+1 比較起
10              if smallest>data[j]: # 找出最小元素
11                  smallest=data[j]
12                  index=j
13
14          tmp=data[i]
15          data[i]=data[index]
16          data[index]=tmp
17          print("\n第 %d 次排序結果: " %(i+1),end='')
18          showdata (data)
19
20  data=[16,25,39,27,12,8,45,63]
21  print(" 原始資料為: ", end='')
22  for i in range(8):
23      print("%3d" %data[i],end='')
```

```
24  print("\n---------------------------------")
25  select (data)
26  print("\n---------------------------------")
27  print(" 排序後資料：", end='')
28  for i in range(8):
29      print("%3d" %data[i], end='')
```

執行結果

```
原始資料為： 16 25 39 27 12  8 45 63
------------------------------------
第1次排序結果：  8 25 39 27 12 16 45 63
第2次排序結果：  8 12 39 27 25 16 45 63
第3次排序結果：  8 12 16 27 25 39 45 63
第4次排序結果：  8 12 16 25 27 39 45 63
第5次排序結果：  8 12 16 25 27 39 45 63
第6次排序結果：  8 12 16 25 27 39 45 63
第7次排序結果：  8 12 16 25 27 39 45 63
------------------------------------
排序後資料：  8 12 16 25 27 39 45 63
```

4-4 插入排序法

插入排序法（Insert Sort）則是將陣列中的元素，逐一與已排序好的資料作比較，如前兩個元素先排好，再將第三個元素插入適當的位置，所以這三個元素仍然是已排序好，接著再將第四個元素加入，重覆此步驟，直到排序完成為止。各位可以看做是在一串有序的記錄 R_1、R_2…R_i，插入新的記錄 R，使得 i+1 個記錄排序妥當。

以下利用 55、23、87、62、16 數列的由小到大排序過程，來說明插入排序法的演算流程。下圖中，在步驟二，以 23 為基準與其他元素比較後，放到適當位置（55 的前面），步驟三則拿 87 與其他兩個元素比較，接著 62 在比較完前三個數後插入 87 的前面…，將最後一個元素比較完後即完成排序：

由小到大排序:

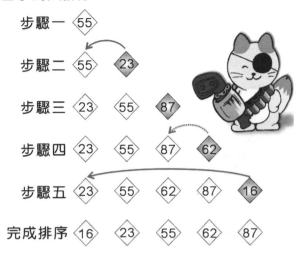

步驟一 55

步驟二 55 23

步驟三 23 55 87

步驟四 23 55 87 62

步驟五 23 55 62 87 16

完成排序 16 23 55 62 87

範例 **ch04_03.py** ┃ **請設計一 Python 程式，並使用插入排序法來將以下的數列排序：**

```
16,25,39,27,12,8,45,63
```

```python
01  SIZE=8              # 定義陣列大小
02  def showdata(data):
03      for i in range(SIZE):
04          print('%3d' %data[i],end='')    # 列印陣列資料
05      print()
06
07  def insert(data):
08      for i in range(1,SIZE):
09          tmp=data[i] #tmp 用來暫存資料
10          no=i-1
11          while no>=0 and tmp<data[no]:
12              data[no+1]=data[no] # 就把所有元素往後推一個位置
13              no-=1
14          data[no+1]=tmp # 最小的元素放到第一個元素
15
16  def main():
17      data=[16,25,39,27,12,8,45,63]
```

```
18      print('原始陣列是：')
19      showdata(data)
20      insert(data)
21      print('排序後陣列是：')
22      showdata(data)
23
24  main()
```

🔄 執行結果

```
原始陣列是：
 16 25 39 27 12  8 45 63
排序後陣列是：
  8 12 16 25 27 39 45 63
```

4-5 謝耳排序法

我們知道如果原始記錄的鍵值大部份已排序好的情況下，插入排序法會非常有效率，因為它無需做太多的資料搬移動作。「謝耳排序法」是 D. L. Shell 在 1959 年 7 月所發明的一種排序法，可以減少插入排序法中資料搬移的次數，以加速排序進行。排序的原理是將資料區分成特定間隔的幾個小區塊，以插入排序法排完區塊內的資料後再漸漸減少間隔的距離。

以下利用 63、92、27、36、45、71、58、7 數列的由小到大排序過程，來說明謝耳排序法的演算流程：

63　92　27　36　45　71　58　7

❶ 首先將所有資料分成 Y 份：(8div2) 即 Y=4，稱為劃分數。請注意！劃分數不一定要是 2，最好能夠是質數。但為演算法方便，所以我們習慣選 2。則一開始的間隔設定為 8/2 區隔成：

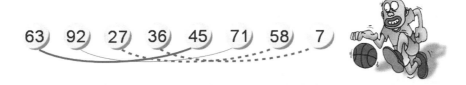

❷ 如此一來可得到四個區塊分別是：(63,45)(92,71)(27,58)(36,7)，再各別用插入排序法排序成為：(45,63)(71,92)(27,58)(7,36)：

❸ 接著再縮小間隔為 (8/2)/2：

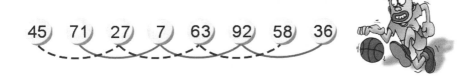

❹ (45,27,63,58)(71,7,92,36) 分別用插入排序法後得到：

❺ 最後再以 ((8/2)/2)/2 的間距做插入排序,也就是每一個元素進行排序得到最後的結果。

7　27　36　45　58　63　71　92

範例 **ch04_04.py** ┃ 請設計一 Python 程式,並使用謝耳排序法來將以下的數列排序:

```
16,25,39,27,12,8,45,63
```

```
01  SIZE=8
02
03  def showdata(data):
04      for i in range(SIZE):
05          print('%3d' %data[i],end='')
06      print()
07
08  def shell(data,size):
09      k=1 #k 列印計數
10      jmp=size//2
11      while jmp != 0:
12          for i in range(jmp, size):  #i 為掃描次數 jmp 為設定間距位移量
13              tmp=data[i] #tmp 用來暫存資料
14              j=i-jmp  # 以 j 來定位比較的元素
15              while tmp<data[j] and j>=0:  # 插入排序法
16                  data[j+jmp] = data[j]
17                  j=j-jmp
18              data[jmp+j]=tmp
19          print(' 第 %d 次排序過程:' %k,end='')
20          k+=1
21          showdata (data)
22          print('------------------------------------------')
23          jmp=jmp//2      # 控制迴圈數
24
```

```
25  def main():
26      data=[16,25,39,27,12,8,45,63]
27      print(' 原始陣列是:        ')
28      showdata (data)
29      print('--------------------------------------')
30      shell(data,SIZE)
31
32  main()
```

執行結果

```
原始陣列是:
 16 25 39 27 12  8 45 63
--------------------------------------
第 1 次排序過程:   12  8 39 27 16 25 45 63
--------------------------------------
第 2 次排序過程:   12  8 16 25 39 27 45 63
--------------------------------------
第 3 次排序過程:    8 12 16 25 27 39 45 63
--------------------------------------
```

4-6　合併排序法

　　合併排序法（Merge Sort）的工作原理乃是針對已排序好的二個或二個以上的數列，經由合併的方式，將其組合成一個大的且已排序好的數列。步驟如下：

① 　將 N 個長度為 1 的鍵值成對地合併成 N/2 個長度為 2 的鍵值組。

② 　將 N/2 個長度為 2 的鍵值組成對地合併成 N/4 個長度為 4 的鍵值組。

③ 　將鍵值組不斷地合併，直到合併成一組長度為 N 的鍵值組為止。

以下利用 38、16、41、72、52、98、63、25 數列的由小到大排序過程，來說明合併排序法的基本演算流程：

38、16、41、72、52、98、63、25
16、38、41、72、52、98、25、63
16、38、41、72、25、52、63、98
16、25、38、41、52、63、72、98

上面展示的合併排序法例子是一種最簡單的合併排序，又稱為 2 路（2-way）合併排序，主要概念是把原來的檔案視作 N 個已排序妥當且長度為 1 的數列，再將這些長度為 1 的資料兩兩合併，結合成 N/2 個已排序妥當且長度為 2 的數列；同樣的作法，再依序兩兩合併，合併成 N/4 個已排序妥當且長度為 4 的數列……，以此類推，最後合併成一個已排序妥當且長度為 N 的數列。步驟整理如下：

❶ 將 N 個長度為 1 的數列合併成 N/2 個已排序妥當且長度為 2 的數列。

❷ 將 N/2 個長度為 2 的數列合併成 N/4 個已排序妥當且長度為 4 的數列。

❸ 將 N/4 個長度為 4 的數列合併成 N/8 個已排序妥當且長度為 8 的數列。

❹ 將 $N/2^{i-1}$ 個長度為 2^{i-1} 的數列合併成 $N/2^i$ 個已排序妥當且長度為 2^i 的數列。

範例 **ch04_05.py** ┃ 請設計一 **Python** 程式，並使用合併排序法來排序。

```
01  # 合併排序法 (Merge Sort)
02
03  #99999為串列1的結束數字不列入排序
04  list1 = [20,45,51,88,99999]
05  #99999為串列2的結束數字不列入排序
06  list2 = [98,10,23,15,99999]
07  list3 = []
```

```
08
09  def merge_sort():
10      global list1
11      global list2
12      global list3
13
14      # 先使用選擇排序將兩數列排序，再作合併
15      select_sort(list1, len(list1)-1)
16      select_sort(list2, len(list2)-1)
17
18
19      print('\n第1組資料的排序結果：', end = '')
20      for i in range(len(list1)-1):
21          print(list1[i], ' ', end = '')
22
23      print('\n第2組資料的排序結果：', end = '')
24      for i in range(len(list2)-1):
25          print(list2[i], ' ', end = '')
26      print()
27
28      for i in range(60):
29          print('=', end = '')
30      print()
31
32      My_Merge(len(list1)-1, len(list2)-1)
33
34      for i in range(60):
35          print('=', end = '')
36      print()
37
38      print('\n合併排序法的最終結果：', end = '')
39      for i in range(len(list1)+len(list2)-2):
40          print('%d ' % list3[i], end = '')
41
42  def select_sort(data, size):
43      for base in range(size-1):
44          small = base
45          for j in range(base+1, size):
46              if data[j] < data[small]:
47                  small = j
48          data[small], data[base] = data[base], data[small]
49
50  def My_Merge(size1, size2):
51      global list1
52      global list2
53      global list3
54
```

```
55      index1 = 0
56      index2 = 0
57      for index3 in range(len(list1)+len(list2)-2):
58          if list1[index1] < list2[index2]: # 比較兩數列，資料小的先存於合
   併後的數列
59              list3.append(list1[index1])
60              index1 += 1
61              print('此數字 %d 取自於第 1 組資料 ' % list3[index3])
62          else:
63              list3.append(list2[index2])
64              index2 += 1
65              print('此數字 %d 取自於第 2 組資料 ' % list3[index3])
66          print('目前的合併排序結果：', end = '')
67          for i in range(index3+1):
68              print(list3[i], ' ', end = '')
69          print('\n')
70
71  # 主程式開始
72
73  merge_sort()   # 呼叫所定義的合併排序法函數
```

⟳ 執行結果

```
第1組資料的排序結果：20   45   51   88
第2組資料的排序結果：10   15   23   98
==================================================
此數字10取自於第2組資料
目前的合併排序結果：10

此數字15取自於第2組資料
目前的合併排序結果：10   15

此數字20取自於第1組資料
目前的合併排序結果：10   15   20

此數字23取自於第2組資料
目前的合併排序結果：10   15   20   23

此數字45取自於第1組資料
目前的合併排序結果：10   15   20   23   45

此數字51取自於第1組資料
目前的合併排序結果：10   15   20   23   45   51

此數字88取自於第1組資料
目前的合併排序結果：10   15   20   23   45   51   88

此數字98取自於第2組資料
目前的合併排序結果：10   15   20   23   45   51   88   98

==================================================
合併排序法的最終結果：10 15 20 23 45 51 88 98
```

4-7　快速排序法

　　快速排序法（Quicksort）是由 C. A. R. Hoare 所發展的，又稱分割交換排序法，是目前公認最佳的排序法，也是使用分治法的方式，先在資料中找到一個隨機設定虛擬中間值，並依此中間值將所有打算排序的資料分為兩部份。其中小於中間值的資料放在左邊，而大於中間值的資料放在右邊，再以同樣的方式分別處理左右兩邊的資料，直到排序完為止。

　　假設有 n 筆 R1、R2、R3...Rn 記錄，其鍵值為 K_1、K_2、K_3…K_n，操作與分割步驟如下：

① 先假設 K 的值為第一個鍵值。

② 由左向右找出鍵值 K_i，使得 $K_i > K$。

③ 由右向左找出鍵值 K_j 使得 $K_j < K$。

④ 如果 i<j，那麼 K_i 與 K_j 互換，並回到步驟②。

⑤ 若 i≧j 則將 K 與 K_j 交換，並以 j 為基準點分割成左右部份。然後再針對左右兩邊進行步驟①至⑤，直到左半邊鍵值 = 右半邊鍵值為止。

　　下面示範快速排序法的資料排序過程：

R1	R2	R3	R4	R5	R6	R7	R8	R9	R10
35	10	42	3	79	12	62	18	51	23

K=35　　　　i　　　　　　　　　　　　　　　　　j

❶ 因為 i<j 故交換 K_i 與 K_j，然後繼續比較：

❷ 因為 i<j 故交換 K_i 與 K_j，然後繼續比較：

❸ 因為 i≧j 故交換 K 與 K_j，並以 j 為基準點分割成左右兩半：

　　由上述這幾個步驟，各位可以將小於鍵值 K 放在左半部；大於鍵值 K 放在右半部，依上述的排序過程，針對左右兩部份分別排序。過程如下：

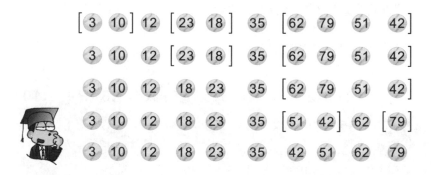

範例　**ch04_06.py** ┃ 請設計一 Python 程式，並使用快速排序法將數字排序。

```
01   import random
02
03   def inputarr(data,size):
04       for i in range(size):
05           data[i]=random.randint(1,100)
06
07   def showdata(data,size):
08       for i in range(size):
09           print('%3d' %data[i],end='')
10       print()
11
12   def quick(d,size,lf,rg):
13       # 第一筆鍵值為 d[lf]
14       if lf<rg:   # 排序資料的左邊與右邊
15           lf_idx=lf+1
16           while d[lf_idx]<d[lf]:
17               if lf_idx+1 >size:
18                   break
19               lf_idx +=1
20           rg_idx=rg
21           while d[rg_idx] >d[lf]:
22               rg_idx -=1
23           while lf_idx<rg_idx:
24               d[lf_idx],d[rg_idx]=d[rg_idx],d[lf_idx]
25               lf_idx +=1
26               while d[lf_idx]<d[lf]:
27                   lf_idx +=1
28               rg_idx -=1
29               while d[rg_idx] >d[lf]:
30                   rg_idx -=1
31           d[lf],d[rg_idx]=d[rg_idx],d[lf]
32
33           for i in range(size):
34               print('%3d' %d[i],end='')
35           print()
36
37           quick(d,size,lf,rg_idx-1)    # 以 rg_idx 為基準點分成左右兩半以遞迴方式
38           quick(d,size,rg_idx+1,rg)     # 分別為左右兩半進行排序直至完成排序
39
40   def main():
```

```
41        data=[0]*100
42        size=int(input(' 請輸入陣列大小 (100 以下 )：'))
43        inputarr (data,size)
44        print(' 您輸入的原始資料是：')
45        showdata (data,size)
46        print(' 排序過程如下：')
47        quick(data,size,0,size-1)
48        print(' 最終排序結果：')
49        showdata(data,size)
50
51  main()
```

🔄 執行結果

```
請輸入陣列大小(100以下)：10
您輸入的原始資料是：
 68  22  76  87  88  56  80  43  74  18
排序過程如下：
 56  22  18  43  68  88  80  87  74  76
 43  22  18  56  68  88  80  87  74  76
 18  22  43  56  68  88  80  87  74  76
 18  22  43  56  68  88  80  87  74  76
 18  22  43  56  68  76  80  87  74  88
 18  22  43  56  68  74  76  87  80  88
 18  22  43  56  68  74  76  80  87  88
最終排序結果：
 18  22  43  56  68  74  76  80  87  88
```

4-8 基數排序法

　　基數排序法和我們之前所討論到的排序法不太一樣，它並不需要進行元素間的比較動作，而是屬於一種分配模式排序方式。基數排序法依照比較的方向可分為最有效鍵優先（Most Significant Digit First, MSD）和最無效鍵優先（Least Significant Digit First, LSD）兩種。MSD 法是從最左邊的位數開始比較，而 LSD 則是從最右邊的位數開始比較。

以下的範例我們以 LSD 將三位數的整數資料來加以排序，它是依個位數、十位數、百位數來進行排序。請直接看以下最無效鍵優先（LSD）例子的說明，便可清楚的知道它的動作原理：

原始資料如下：

59	95	7	34	60	168	171	259	372	45	88	133

STEP 1 把每個整數依其個位數字放到串列中：

個位數字	0	1	2	3	4	5	6	7	8	9
資料	60	171	372	133	34	95 45		7	168 88	59 259

合併後成為：

60	171	372	133	34	95	45	7	168	88	59	259

STEP 2 再依其十位數字，依序放到串列中：

十位數字	0	1	2	3	4	5	6	7	8	9
資料	7			133 34	45	59 259	60 168	171 372	88	95

合併後成為：

7	133	34	45	59	259	60	168	171	372	88	95

STEP **3**　再依其百位數字，依序放到串列中：

百位數字	0	1	2	3	4	5	6	7	8	9
	7	133	259	372						
	34	168								
	45	171								
資料	59									
	60									
	88									
	95									

最後合併即完成排序：

7	34	45	59	60	88	95	133	168	171	259	372

範例　**ch04_07.py** ▌ 請設計一 **Python** 程式，並使用基數排序法來排序。

```
01  # 基數排序法由小到大排序
02  import random
03
04  def inputarr(data,size):
05      for i in range(size):
06          data[i]=random.randint(0,999)  # 設定 data 值最大為 3 位數
07
08  def showdata(data,size):
09      for i in range(size):
10          print('%5d' %data[i],end='')
11      print()
12
13  def radix(data,size):
14      n=1  #n 為基數，由個位數開始排序
15      while n<=100:
16          tmp=[[0]*100 for row in range(10)]  # 設定暫存陣列，[0~9 位數 ]
                                                 [ 資料個數 ]，所有內容均為 0
17          for i in range(size):  # 比對所有資料
18              m=(data[i]//n)%10# m 為 n 位數的值，如 36 取十位數 (36/10)%10=3
19              tmp[m][i]=data[i]# 把 data[i] 的值暫存於 tmp 裡
```

```
20            k=0
21            for i in range(10):
22                for j in range(size):
23                    if tmp[i][j] != 0:  # 因一開始設定 tmp ={0}，故不為 0 者即為
24                        data[k]=tmp[i][j] # data 暫存在 tmp 裡的值，把 tmp 裡的值放
25                        k+=1                 # 回 data[ ] 裡
26            print('經過%3d 位數排序後：' %n,end='')
27            showdata(data,size)
28            n=10*n
29
30  def main():
31      data=[0]*100
32      size=int(input('請輸入陣列大小 (100 以下 )：'))
33      print('您輸入的原始資料是：')
34      inputarr (data,size)
35      showdata (data,size)
36      radix (data,size)
37
38  main()
```

執行結果

```
請輸入陣列大小(100以下)：10
您輸入的原始資料是：
  927   835     2    59   149   181   454   894    11   671
經過  1位數排序後：   181    11   671     2   454   894   835   927    59   149
經過 10位數排序後：     2    11   927   835   149   454    59   671   181   894
經過100位數排序後：     2    11    59   149   181   454   671   835   894   927
```

想一想，怎麼做？

1. 請問排序的資料是以陣列資料結構來儲存，則下列的排序法中，何者的資料搬移量最大？ (A) 氣泡排序法 (B) 選擇排序法 (C) 插入排序法

2. 請舉例說明合併排序法是否為一穩定排序？

3. 待排序鍵值如下，請使用選擇排序法列出每回合的結果：

   26、5、37、1、61

4. 在排序過程中，資料移動的方式可分為哪兩種方式？兩者間的優劣如何？

5. 請簡述基數排序法的主要特點。

6. 下列敘述正確與否？請說明原因。

   (1) 不論輸入資料為何，插入排序（Insertion Sort）的元素比較總數較泡沫排序（Bubble Sort）的元素比較次數之總數為少。

   (2) 若輸入資料已排序完成，則再利用堆積排序（Heap Sort）只需 O(n) 時間即可排序完成。n 為元素個數。

7. 請問排序的資料是以陣列資料結構來儲存，則下列的排序法中，何者的資料搬移量最大，試討論之。(A) 氣泡排序法 (B) 選擇排序法 (C) 插入排序法

8. 在排序過程中，資料移動的方式可分為那兩種方式？兩者間的優劣如何？

9. 如果依照執行時所使用的記憶體區分為兩種方式？

10. 何謂穩定的排序？請試著舉出三種穩定的排序？

Algorithm

你必須學的
搜尋演算法

>> 循序搜尋法

>> 二分搜尋法

>> 內插搜尋法

>> 費氏搜尋法

在資料處理過程中，是否能在最短時間內搜尋到所需要的資料，是一個相當值得資訊從業人員關心的議題。所謂搜尋（Search）指的是從資料檔案中找出滿足某些條件的記錄之動作，用以搜尋的條件稱為「鍵值」（Key），就如同排序所用的鍵值一樣，我們平常在電話簿中找某人的電話，那麼這個人的姓名就成為在電話簿中搜尋電話資料的鍵值。例如大家常使用的 Google 搜尋引擎所設計的 Spider 程式會主動經由網站上的超連結爬行到另一個網站，並收集每個網站上的資訊，並收錄到資料庫中，這就必須仰賴不同的搜尋演算法來進行。

🔘 我們每天都在搜尋許多標的物

此外，通常判斷一個搜尋法的好壞主要由其比較次數及搜尋時間來決定，例如雜湊法，又可稱為赫序法或散置法，任何透過雜湊搜尋的資料都不需要經過事先的排序，也就是說這種搜尋可以直接且快速的找到鍵值所放的地址。一般的搜尋技巧主要是透過各種不同的比較方式來搜尋所要的資料項目，反觀雜湊法則直接透過數學函數來取得對應的位址，因此可以快速找到所要的資料。如果根據資料量的大小，我們可將搜尋分為：

❶ **內部搜尋**：資料量較小的檔案可以一次全部載入記憶體以進行搜尋。

❷ **外部搜尋**：資料龐大的檔案便無法全部容納於記憶體中，這種檔案通常均先加以組織化，再存於硬碟中，搜尋時也必須循著檔案的組織性來達成。

電腦搜尋資料的優點是快速，但是當資料量很龐大時，如何在最短時間內有效的找到所需資料，是一個相當重要的課題；影響插搜尋時間長短的主要因素包括有演算法、資料儲存的方式及結構。搜尋法和排序法一樣，如果是以搜尋過程中被搜尋的表格或資料是否異動來分類，區分為靜態搜尋（Static Search）及動態搜尋（Dynamic Search）。靜態搜尋是指資料在搜尋過程中，該搜尋資料不會有增

加、刪除、或更新等行為，例如符號表搜尋就屬於一種靜態搜尋。而動態搜尋則是指所搜尋的資料，在搜尋過程中會經常性地增加、刪除、或更新。

搜尋的操作也算是相當典型的演算法，進行的方式和所選擇的資料結構有很大的關聯，我們下面就以幾種搜尋的演算法來說明這些關聯，例如循序法、二元搜尋法、費伯那法、內插搜尋法等，讓各位能確實掌握各種搜尋之技巧基本原理，以便應用於日後各種領域。

○ 在 Google 中搜尋資料就是一種動態搜尋

5-1 循序搜尋法

循序搜尋法又稱線性搜尋法，是一種最簡單的搜尋法。它的方法是將資料一筆一筆的循序逐次搜尋。所以不管資料順序為何，都是得從頭到尾走訪過一次。此法的優點是檔案在搜尋前不需要作任何的處理與排序，缺點為搜尋速度較慢。如果資料沒有重覆，找到資料就可中止搜尋的話，在最差狀況是未找到資料，需作 n 次比較，最好狀況則是一次就找到，只需 1 次比較。

假設已存在數列 74,53,61,28,99,46,88，如果要搜尋 28 需要比較 4 次；搜尋 74 僅需比較 1 次；搜尋 88 則需搜尋 7 次，這表示當搜尋的數列長度 n 很大時，利用循序搜尋是不太適合的，它是一種適用在小檔案的搜尋方法。在日常生活中，我們經常會使用到這種搜尋法，例如各位想在衣櫃中找衣服時，通常會從櫃子最上方的抽屜逐層尋找。

在抽屜中逐層找尋東西，也是一種循序搜尋法的應用

範例 **ch05_01.py** | 請設計一 Python 程式，以亂數產生 **1~150** 間的 **80** 個
整數，並實作循序搜尋法的過程。

```
01   import random
02
03   val=0
04   data=[0]*80
05   for i in range(80):
06       data[i]=random.randint(1,150)
07   while val!=-1:
08       find=0
09       val=int(input('請輸入搜尋鍵值(1-150)，輸入-1 離開：'))
10       for i in range(80):
11           if data[i]==val:
12               print('在第 %3d 個位置找到鍵值 [%3d]' %(i+1,data[i]))
13               find+=1
14       if find==0 and val !=-1 :
15           print('###### 沒有找到 [%3d]######' %val)
16   print('資料內容：')
17   for i in range(10):
18       for j in range(8):
19           print('%2d[%3d]  ' %(i*8+j+1,data[i*8+j]),end='')
20       print('')
```

執行結果

```
請輸入搜尋鍵值(1-150)，輸入-1離開：33
######沒有找到 [ 33]######
請輸入搜尋鍵值(1-150)，輸入-1離開：35
######沒有找到 [ 35]######
請輸入搜尋鍵值(1-150)，輸入-1離開：39
######沒有找到 [ 39]######
請輸入搜尋鍵值(1-150)，輸入-1離開：40
在第  66個位置找到鍵值 [ 40]
請輸入搜尋鍵值(1-150)，輸入-1離開：-1
資料內容：
 1[ 49]    2[150]   3[ 27]   4[ 85]   5[147]   6[137]   7[ 47]   8[148]
 9[ 45]   10[ 57]  11[125]  12[ 27]  13[ 53]  14[ 78]  15[ 85]  16[ 54]
17[109]   18[104]  19[140]  20[ 80]  21[ 74]  22[ 52]  23[  4]  24[150]
25[ 36]   26[ 60]  27[109]  28[ 61]  29[128]  30[ 74]  31[148]  32[ 82]
33[ 99]   34[ 17]  35[ 83]  36[145]  37[ 49]  38[ 69]  39[141]  40[ 94]
41[ 12]   42[ 20]  43[ 69]  44[113]  45[129]  46[104]  47[ 87]  48[100]
49[104]   50[ 64]  51[124]  52[129]  53[ 25]  54[  3]  55[116]  56[ 67]
57[  2]   58[ 78]  59[ 72]  60[113]  61[ 25]  62[ 63]  63[  5]  64[ 75]
65[ 18]   66[ 40]  67[137]  68[ 43]  69[ 56]  70[ 91]  71[ 27]  72[ 95]
73[140]   74[ 50]  75[ 21]  76[ 17]  77[ 56]  78[144]  79[ 99]  80[  7]
```

5-2 二分搜尋法

　　如果要搜尋的資料已經事先排序好，則可使用二分搜尋法來進行搜尋。二分搜尋法是將資料分割成兩等份，再比較鍵值與中間值的大小，如果鍵值小於中間值，可確定要找的資料在前半段的元素，否則在後半部。如此分割數次直到找到或確定不存在為止。例如以下已排序數列 2、3、5、8、9、11、12、16、18，而所要搜尋值為 11 時：

❶　首先跟第五個數值 9 比較。

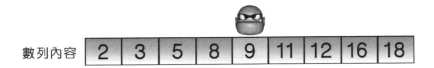

❷　因為 11 > 9，所以和後半部的中間值 12 比較。

❸　因為 11 < 12，所以和前半部的中間值 11 比較。

❹　因為 11=11，表示搜尋完成，如果不相等則表示找不到。

範例 **ch05_02.py** | 請設計一 Python 程式，以亂數產生 1~150 間的 80 個
整數，並實作二分搜尋法的過程與步驟。

```
01    import random
02
03    def bin_search(data,val):
04        low=0
05        high=49
06        while low <= high and val !=-1:
07            mid=int((low+high)/2)
08            if val<data[mid]:
09                print('%d 介於位置 %d[%3d] 及中間值 %d[%3d]，找左半邊' \
10                      %(val,low+1,data[low],mid+1,data[mid]))
11                high=mid-1
12            elif val>data[mid]:
13                print('%d 介於中間值位置 %d[%3d] 及 %d[%3d]，找右半邊' \
14                      %(val,mid+1,data[mid],high+1,data[high]))
15                low=mid+1
16            else:
17                return mid
18        return -1
19
20    val=1
21    data=[0]*50
22    for i in range(50):
23        data[i]=val
24        val=val+random.randint(1,5)
25
26    while True:
27        num=0
28        val=int(input('請輸入搜尋鍵值(1-150)，輸入 -1 結束：'))
29        if val ==-1:
30            break
31        num=bin_search(data,val)
32        if num==-1:
33            print('##### 沒有找到 [%3d] #####' %val)
34        else:
35            print('在第 %2d 個位置找到 [%3d]' %(num+1,data[num]))
36
37    print('資料內容：')
38    for i in range(5):
39        for j in range(10):
40            print('%3d-%-3d' %(i*10+j+1,data[i*10+j]), end='')
41        print()
```

◎ 執行結果

```
請輸入搜尋鍵值(1-150)，輸入-1結束：34
34 介於位置 1[   1]及中間值 25[  75]，找左半邊
34 介於位置 1[   1]及中間值 12[  42]，找左半邊
34 介於中間值位置 6[  20] 及 11[  37]，找右半邊
34 介於中間值位置 9[  29] 及 11[  37]，找右半邊
在第 10個位置找到 [ 34]
請輸入搜尋鍵值(1-150)，輸入-1結束：-1
資料內容：
 1-1    2-6    3-9    4-12   5-16   6-20   7-23   8-27   9-29  10-34
11-37  12-42  13-43  14-44  15-46  16-48  17-52  18-54  19-57  20-59
21-60  22-65  23-70  24-71  25-75  26-79  27-81  28-82  29-85  30-90
31-91  32-96  33-99  34-104 35-105 36-106 37-110 38-114 39-119 40-120
41-121 42-125 43-129 44-130 45-133 46-137 47-138 48-142 49-144 50-148
```

5-3　內插搜尋法

內插搜尋法（Interpolation Search）又叫做插補搜尋法，是二分搜尋法的改版。它是依照資料位置的分佈，利用公式預測資料的所在位置，再以二分法的方式漸漸逼近。使用內插法是假設資料平均分佈在陣列中，而每一筆資料的差距是相當接近或有一定的距離比例。其內插搜尋法的公式為：

```
Mid=low +((key - data[low])/ (data[high] - data[low]))* (high - low)
```

其中 key 是要尋找的鍵，data[high]、data[low] 是剩餘待尋找記錄中的最大值及最小值，對資料筆數為 n，其內插搜尋法的步驟如下：

❶　記錄由小到大的順序給予 1,2,3...n 的編號

❷　low=1，high=n

❸　low<high 時，重複執行步驟 ❹ 及步驟 ❺

❹　Mid=low + ((key - data[low]) / (data[high] - data[low])) * (high - low)

❺　key<key$_{Mid}$ 且 high≠Mid-1 則令 high=Mid-1

❻ key=key$_{Mid}$ 表示成功搜尋到鍵值的位置

❼ key>key$_{Mid}$ 且 low≠Mid+1 則令 low=Mid+1

範例 **ch05_03.py** ▌ 請設計一 **Python** 程式，以亂數產生 **1~150** 間的 **50** 個
整數，並實作內插搜尋法的過程與步驟。

```
01   import random
02
03   def interpolation_search(data,val):
04       low=0
05       high=49
06       print('搜尋處理中 ......')
07       while low<= high and val !=-1:
08           mid=low+int((val-data[low])*(high-low)/(data[high]-
     data[low]))  # 內插法公式
09           if val==data[mid]:
10               return mid
11           elif val < data[mid]:
12               print('%d 介於位置 %d[%3d] 及中間值 %d[%3d]，找左半邊' \
13                     %(val,low+1,data[low],mid+1,data[mid]))
14               high=mid-1
15           elif val > data[mid]:
16               print('%d 介於中間值位置 %d[%3d] 及 %d[%3d]，找右半邊' \
17                     %(val,mid+1,data[mid],high+1,data[high]))
18               low=mid+1
19       return -1
20
21   val=1
22   data=[0]*50
23   for i in range(50):
24       data[i]=val
25       val=val+random.randint(1,5)
26
27   while True:
28       num=0
29       val=int(input('請輸入搜尋鍵值(1-150)，輸入 -1 結束：'))
30       if val==-1:
31           break
32       num=interpolation_search(data,val)
33       if num==-1:
34           print('##### 沒有找到 [%3d] #####' %val)
35       else:
36           print('在第 %2d 個位置找到 [%3d]' %(num+1,data[num]))
```

```
37
38  print('資料內容：')
39  for i in range(5):
40      for j in range(10):
41          print('%3d-%-3d' %(i*10+j+1,data[i*10+j]),end='')
42      print()
```

執行結果

```
請輸入搜尋鍵值(1-150)，輸入-1結束：35
35 介於位置 1[   1]及中間值 25[ 76]，找左半邊
35 介於位置 1[   1]及中間值 12[ 36]，找左半邊
35 介於中間值位置 6[ 16] 及 11[ 35]，找右半邊
35 介於中間值位置 9[ 28] 及 11[ 35]，找右半邊
35 介於中間值位置 10[ 32] 及 11[ 35]，找右半邊
在第 11個位置找到 [ 35]
請輸入搜尋鍵值(1-150)，輸入-1結束：-1
資料內容：
  1-1     2-5     3-9     4-11    5-13    6-16    7-20    8-23    9-28   10-32
 11-35   12-36   13-37   14-41   15-42   16-45   17-50   18-55   19-60   20-63
 21-67   22-68   23-72   24-74   25-76   26-81   27-82   28-86   29-91   30-93
 31-94   32-97   33-102  34-103  35-106  36-108  37-112  38-116  39-119  40-124
 41-127  42-128  43-131  44-133  45-134  46-135  47-137  48-140  49-141  50-142
```

5-4 費氏搜尋法

費氏搜尋法（Fibonacci Search）又稱費伯那搜尋法，此法和二分搜尋法一樣都是以切割範圍來進行搜尋，不同的是費氏搜尋法不以對半切割，而是以費氏級數的方式切割。

費氏級數 F(n) 的定義如下：

$$\begin{cases} F_0=0 \ ,F_1=1 \\ F_i=F_{i-1}+F_{i-2} \ ,i \geqq 2 \end{cases}$$

費氏級數：0,1,1,2,3,5,8,13,21,34,55,89,...。也就是除了第 0 及第 1 個元素外，每個值都是前兩個值的加總。

　　費氏搜尋法的好處是只用到加減運算而不需用到乘法及除法，這以電腦運算的過程來看效率會高於前兩種搜尋法。在尚未介紹費氏搜尋法之前，我們先來認識費氏搜尋樹。所謂費氏搜尋樹是以費氏級數的特性所建立的二元樹，其建立的原則如下：

① 費氏樹的左右子樹均亦為費氏樹。

② 當資料個數 n 決定，若想決定費氏樹的階層 k 值為何，我們必須找到一個最小的 k 值，使得費氏級數的 Fib(k+1)≧n+1。

③ 費氏樹的樹根定為一費氏數，且子節點與父節點的差值絕對值為費氏數。

④ 當 k ≥ 2 時，費氏樹的樹根為 Fib(k)，左子樹為 (k-1) 階費氏樹（其樹根為 Fib(k-1)），右子樹為 (k-2) 階費氏樹（其樹根為 Fib(k)+Fib(k-2)）。

⑤ 若 n+1 值不為費氏數的值，則可以找出存在一個 m 使用 Fib(k+1)-m=n+1，m=Fib(k+1)-(n+1)，再依費氏樹的建立原則完成費氏樹的建立，最後費氏樹的各節點再減去差值 m 即可，並把小於 1 的節點去掉即可。

　　費氏樹的建立程序概念圖，我們以下圖為您示範說明：

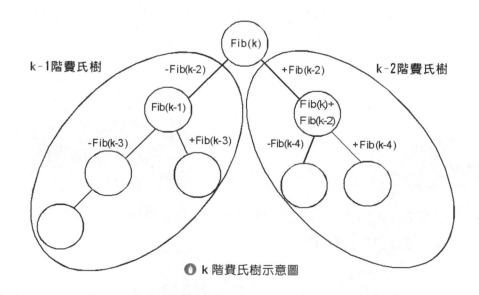

🔵 k 階費氏樹示意圖

也就是說當資料個數為 n，且我們找到一個最小的費氏數 Fib(k+1) 使得 Fib(k+1)≧n+1。則 Fib(k) 就是這棵費氏樹的樹根，而 Fib(k-2) 則是與左右子樹開始的差值，左子樹用減的；右子樹用加的。以下來實際求取 n=33 的費氏樹：

由於 n=33，且 n+1=34 為一費氏數，且我們知道費氏數列的三項特性：

```
Fib(0)=0
Fib(1)=1
Fib(k)=Fib(k-1)+Fib(k-2)
```

得知 Fib(0)=0、Fib(1)=1、Fib(2)=1、Fib(3)=2、Fib(4)=3、Fib(5)=5
Fib(6)=8、Fib(7)=13、Fib(8)=21、Fib(9)=34

由上式可得知 Fib(k+1)=34 → k=8，建立二元樹的樹根為 Fib(8)=21

左子樹樹根為 Fib(8-1)=Fib(7)=13

右子樹樹根為 Fib(8)+Fib(8-2)=21+8=29

依此原則我們可以建立如下的費氏樹：

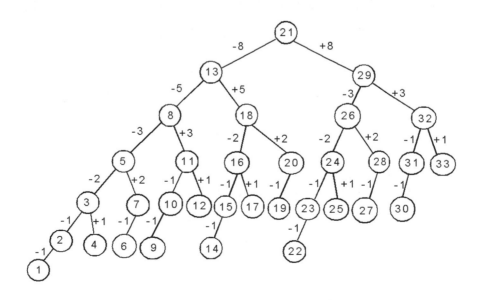

費氏搜尋法是以費氏樹來找尋資料，如果資料的個數為 n，而且 n 比某一費氏數小，且滿足如下的運算式：

```
Fib(k+1) ≧ n+1
```

此時 Fib(k) 就是這棵費氏樹的樹根，而 Fib(k-2) 則是與左右子樹開始的差值，若我們要尋找的鍵值為 key，首先比較陣列索引 Fib(k) 和鍵值 key，此時可以有下列三種比較情況：

① 當 key 值比較小，表示所找的鍵值 key 落在 1 到 Fib(k)-1 之間，故繼續尋找 1 到 Fib(k)-1 之間的資料。

② 如果鍵值與陣列索引 Fib(k) 的值相等，表示成功搜尋到所要的資料。

③ 當 key 值比較大，表示所找的鍵值 key 落在 Fib(k)+1 到 Fib(k+1)-1 之間，故繼續尋找 Fib(k)+1 到 Fib(k+1)-1 之間的資料。

費氏搜尋法分析

① 平均而言，費氏搜尋法的比較次數會少於二元搜尋法，但在最壞的情況下則二元搜尋法較快。其平均時間複雜度為 $O(\log_2 N)$。

② 費氏搜尋演算法較為複雜，需額外產生費氏樹。

範例 **ch05_04.py** ┃ 請設計一費氏搜尋法的 **Python** 程式，並實作費氏搜尋法的過程與步驟，所搜尋的陣列內容如下：

```
data=[5,7,12,23,25,37,48,54,68,77, \
    91,99,102,110,118,120,130,135,136,150]
```

```
01  MAX=20
02
03  def fib(n):
```

```
04      if n==1 or n==0:
05          return n
06      else:
07          return fib(n-1)+fib(n-2)
08
09  def fib_search(data,SearchKey):
10      global MAX
11      index=2
12      # 費氏數列的搜尋
13      while fib(index)<=MAX :
14          index+=1
15      index-=1
16      # index >=2
17      # 起始的費氏數
18      RootNode=fib(index)
19      # 上一個費氏數
20      diff1=fib(index-1)
21      # 上二個費氏數即 diff2=fib(index-2)
22      diff2=RootNode-diff1
23      RootNode-=1 # 這列運算式是配合陣列的索引是從 0 開始儲存資料
24      while True:
25          if SearchKey==data[RootNode]:
26              return RootNode
27          else:
28              if index==2:
29                  return MAX # 沒有找到
30              if SearchKey<data[RootNode]:
31                  RootNode=RootNode-diff2# 左子樹的新費氏數
32                  temp=diff1
33                  diff1=diff2# 上一個費氏數
34                  diff2=temp-diff2# 上二個費氏數
35                  index=index-1
36              else:
37                  if index==3:
38                      return MAX
39                  RootNode=RootNode+diff2# 右子樹的新費氏數
40                  diff1=diff1-diff2# 上一個費氏數
41                  diff2=diff2-diff1# 上二個費氏數
42                  index=index-2
43
44
45  data=[5,7,12,23,25,37,48,54,68,77, \
```

```
46          91,99,102,110,118,120,130,135,136,150]
47  i=0
48  j=0
49  while True:
50      val=int(input(' 請輸入搜尋鍵值 (1-150)，輸入 -1 結束：'))
51      if val==-1: # 輸入值為 -1 就跳離迴圈
52          break
53      RootNode=fib_search(data,val) # 利用費氏搜尋法找尋資料
54      if RootNode==MAX:
55          print('##### 沒有找到 [%3d] #####' %val)
56      else:
57          print(' 在第  %2d 個位置找到  [%3d]' %(RootNode+1,data[RootNode]))
58
59  print(' 資料內容：')
60  for i in range(2):
61      for j in range(10):
62          print('%3d-%-3d' %(i*10+j+1,data[i*10+j]),end='')
63      print()
```

🔄 執行結果

```
請輸入搜尋鍵值(1-150)，輸入-1結束：68
在第　9個位置找到 [ 68]
請輸入搜尋鍵值(1-150)，輸入-1結束：-1
資料內容：
 1-5     2-7     3-12    4-23    5-25    6-37    7-48    8-54    9-68   10-77
11-91   12-99   13-102  14-110  15-118  16-120  17-130  18-135  19-136  20-150
```

1. 若有 n 筆資料已排序完成，請問用二元搜尋法找尋其中某一筆資料，其搜尋時間約為？ (A)$O(\log^2 n)$　(B)$O(n)$　(C)$O(n^2)$　(D)$O(\log_2 n)$

2. 請問使用二元搜尋法（Binary Search）的前提條件是什麼？

3. 有關二元搜尋法，下列敘述何者正確？ (A) 檔案必須事先排序 (B) 當排序資料非常小時，其時間會比循序搜尋法慢 (C) 排序的複雜度比循序搜尋法高 (D) 以上皆正確

4. 費氏搜尋法搜尋的過程中，算術運算比二元搜尋法簡單，請問上述說明是否正確？

5. 假設 $A[i]=2i$，$1 \leq i \leq n$。若欲搜尋鍵值為 $2k-1$，請以內插搜尋法進行搜尋，試求須比較幾次才能確定此為一失敗搜尋？

6. 試寫出下列一組資料 (1,2,3,6,9,11,17,28,29,30,41,47,53,55,67,78)，以內插法找到 9 的過程。

MEMO

全方位應用的陣列
與串列演算法

6

Chapter

Algorithm

>> 矩陣演算法與深度學習

>> 陣列與多項式

>> 徹底玩轉單向串列演算法

陣列與鏈結串列都是相當重要的結構化資料型態（Structured Data Type），也都是一種典型線性串列的應用，線性串列也可應用在電腦中的資料儲存結構，基本上按照記憶體儲存的方式，可區分為以下兩種方式：

靜態資料結構（Static Data Structure）

陣列型態就是一種典型的靜態資料結構，是一種將有序串列的資料使用連續記憶空間（Contiguous Allocation）來儲存。靜態資料結構的記憶體配置是在編譯時，就必須配置給相關的變數，因此在建立初期，必須事先宣告最大可能的固定記憶空間，容易造成記憶體的浪費，優點是設計時相當簡單及讀取與修改串列中任一元素的時間都固定，缺點則是刪除或加入資料時，需要移動大量的資料。

動態資料結構（dynamic data structure）

「鏈結串列」（linked list）又稱為動態資料結構，使用不連續記憶空間來儲存，優點是資料的插入或刪除都相當方便，不需要移動大量資料。另外動態資料結構的記憶體配置是在執行時才發生，所以不需事先宣告，能夠充份節省記憶體。缺點就是在設計資料結構時較為麻煩，另外在搜尋資料時，也無法像靜態資料一般可以隨機讀取資料，必須透過循序方法找到該資料為止。

6-1 矩陣演算法與深度學習

從數學的角度來看，對於 m*n 矩陣（Matrix）的形式，可以利用電腦中 A(m,n) 二維陣列來描述，因此許多矩陣的相關運算與應用，都是使用電腦中的陣列結構來解決。如下圖 A 矩陣，各位是否立即想到了一個宣告為 A(1:3,1:3) 的二維陣列。

$$A = \begin{bmatrix} a_{11} & a_{12} & a_{13} \\ a_{21} & a_{22} & a_{23} \\ a_{31} & a_{32} & a_{33} \end{bmatrix}_{3\times3}$$

例如在 3D 圖學中也經常使用矩陣,因為它可用來清楚的表示模型資料的投影、擴大、縮小、平移、偏斜與旋轉等等運算。

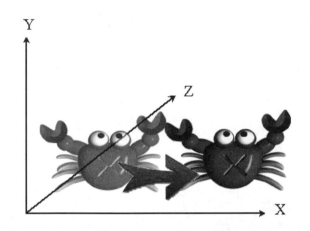

🔘 矩陣平移是物體在 3D 世界向著某一個向量方向移動

TIPS 在三維空間中,向量以(a,b,c)表示,其中 a、b、c 分別表示向量在 x、y、z 軸的分量。在下圖中的 A 向量是一個由原點出發指向三維空間中的一個點(a,b,c),也就是說,向量同時包含了大小及方向兩種特性,所謂的單位向量,指的是向量長度(norm)為 1 的向量。通常在向量計算時,為了降低計算上的複雜度,會以單位向量(Unit Vector)來進行運算,所以使用向量表示法就可以指明某變量的大小與方向。

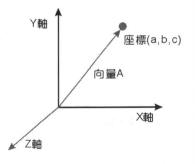

深度學習（Deep Learning, DL）則是目前最熱門的話題，不但是人工智慧（AI）的一個分支，也可以看成是具有層次性的機器學習法（Machine Learning, ML），更將 AI 推向類似人類學習模式的優異發展，在深度學習中，線性代數是一個強大的數學工具箱，常常遇到需要使用大量的矩陣運算來提高計算效率。

深度學習是源自於類神經網路（Artificial Neural Network）模型，並且結合了神經網路架構與大量的運算資源，目的在於讓機器建立與模擬人腦進行學習的神經網路，以解釋大數據中圖像、聲音和文字等多元資料。如果要使得類神經網路能正確的運作，必須透過訓練的方式，讓類神經網路反覆學習，經過一段時間的經驗值，才能有效學習到初步運作的模式。由於神經網路是將權重存儲在矩陣中，矩陣多半是多維模式，以便考慮各種參數組合，當然就會牽涉到「矩陣」的大量運算。

◑ 類神經網路的原理也可以應用在電腦遊戲中

6-1-1　矩陣相加演算法

矩陣的相加運算則較為簡單，前提是相加的兩矩陣列數與行數都必須相等，而相加後矩陣的列數與行數也是相同。必須兩者的列數與行數都相等，例如 $A_{mxn}+B_{mxn}=C_{mxn}$。以下我們就來實際進行一個矩陣相加的例子：

$$\begin{bmatrix} 1 & 3 & 5 \\ 7 & 9 & 11 \\ 13 & 15 & 17 \end{bmatrix}_{3 \times 3} + \begin{bmatrix} 9 & 8 & 7 \\ 6 & 5 & 4 \\ 3 & 2 & 1 \end{bmatrix}_{3 \times 3} = \begin{bmatrix} 10 & 11 & 12 \\ 13 & 14 & 15 \\ 16 & 17 & 18 \end{bmatrix}_{3 \times 3}$$

A 矩陣　　　　　　　　B 矩陣　　　　　　　　C 矩陣

範例 **ch06_01.py** ┃ 請設計一 Python 程式來宣告 3 個二維陣列來實作上圖 2 個矩陣相加的過程，並顯示兩矩陣相加後的結果。

```
01  A= [[1,3,5],[7,9,11],[13,15,17]]  # 二維陣列的宣告
02  B= [[9,8,7],[6,5,4],[3,2,1]]       # 二維陣列的宣告
03  N=3
04  C=[[None] * N for row in range(N)]
05
06  for i in range(3):
07      for j in range(3):
08          C[i][j]=A[i][j]+B[i][j]  # 矩陣 C= 矩陣 A+ 矩陣 B
09  print('[ 矩陣 A 和矩陣 B 相加的結果 ]')  # 印出 A+B 的內容
10  for i in range(3):
11      for j in range(3):
12          print('%d' %C[i][j], end='\t')
13      print()
```

執行結果

```
[矩陣A和矩陣B相加的結果]
10       11       12
13       14       15
16       17       18
```

6-1-2　矩陣相乘

如果談到兩個矩陣 A 與 B 的相乘，是有某些條件限制。首先必須符合 A 為一個 m*n 的矩陣，B 為一個 n*p 的矩陣，對 A*B 之後的結果為一個 m*p 的矩陣 C。如下圖所示：

$$\begin{bmatrix} a_{11} \cdots a_{1n} \\ \cdot \quad \cdot \quad \cdot \\ \cdot \quad \cdot \quad \cdot \\ a_{m1} \cdots a_{mn} \end{bmatrix} \times \begin{bmatrix} b_{11} \cdots b_{1p} \\ \cdot \quad \cdot \quad \cdot \\ \cdot \quad \cdot \quad \cdot \\ b_{n1} \cdots b_{np} \end{bmatrix} = \begin{bmatrix} c_{11} \cdots c_{1p} \\ \cdot \quad \cdot \quad \cdot \\ \cdot \quad \cdot \quad \cdot \\ c_{m1} \cdots c_{mp} \end{bmatrix}$$

$$m \times n \qquad\qquad n \times p \qquad\qquad m \times p$$

$$C_{11} = a_{11} * b_{11} + a_{12} * b_{21} + \cdots\cdots + a_{1n} * b_{n1}$$
$$\vdots$$
$$C_{1p} = a_{11} * b_{1p} + a_{12} * b_{2p} + \cdots\cdots + a_{1n} * b_{np}$$
$$\vdots$$
$$C_{mp} = a_{m1} * b_{1p} + a_{m2} * b_{2p} + \cdots\cdots + a_{mn} * b_{np}$$

範例 **ch06_02.py** ┃ 請設計一 Python 程式來實作下列兩個可自行輸入矩陣維數的相乘過程，並輸出相乘後的結果。

```
01  #[ 示範 ]：運算兩個矩陣相乘的結果
02
03  def MatrixMultiply(arrA, arrB,arrC,M,N,P):
04      global C
05      if M<=0 or N<=0 or P<=0:
06          print('[ 錯誤：維數 M,N,P 必須大於 0]')
07          return
08      for i in range(M):
09          for j in range(P):
10              Temp=0
11              for k in range(N):
12                  Temp = Temp + int(arrA[i*N+k])*int(arrB[k*P+j])
13              arrC[i*P+j] = Temp
14
15  print(' 請輸入矩陣 A 的維數 (M,N)： ')
16  M=int(input('M= '))
17  N=int(input('N= '))
18  A=[None]*M*N  # 宣告大小為 MxN 的串列 A
19
20  print('[ 請輸入矩陣 A 的各個元素 ]')
21  for i in range(M):
```

```
22        for j in range(N):
23              A[i*N+j]=input('a%d%d='%(i,j))
24
25   print(' 請輸入矩陣 B 的維數 (N,P): ')
26   N=int(input('N= '))
27   P=int(input('P= '))
28
29   B=[None]*N*P  # 宣告大小為 NxP 的串列 B
30
31   print('[ 請輸入矩陣 B 的各個元素 ]')
32   for i in range(N):
33        for j in range(P):
34              B[i*P+j]=input('b%d%d='%(i,j))
35
36   C=[None]*M*P  # 宣告大小為 MxP 的串列 C
37   MatrixMultiply(A,B,C,M,N,P)
38   print('[AxB 的結果是 ]')
39   for i in range(M):
40        for j in range(P):
41              print('%d' %C[i*P+j], end='\t')
42        print()
```

執行結果

```
請輸入矩陣A的維數(M,N):
M= 2
N= 3
[請輸入矩陣A的各個元素]
a00=6
a01=3
a02=5
a10=8
a11=9
a12=7
請輸入矩陣B的維數(N,P):
N= 3
P= 2
[請輸入矩陣B的各個元素]
b00=5
b01=10
b10=14
b11=7
b20=6
b21=8
[AxB的結果是]
102      121
208      199
```

6-1-3　轉置矩陣

「轉置矩陣」(A^t) 就是把原矩陣的行座標元素與列座標元素相互調換，假設 A^t 為 A 的轉置矩陣，則有 A^t[j,i]=A[i,j]，如下圖所示：

$$A=\begin{bmatrix} 1 & 2 & 3 \\ 4 & 5 & 6 \\ 7 & 8 & 9 \end{bmatrix}_{3\times3} \qquad A^t=\begin{bmatrix} 1 & 4 & 7 \\ 2 & 5 & 8 \\ 3 & 6 & 9 \end{bmatrix}_{3\times3}$$

範例　ch06_03.py ┃ 請設計一 Python 程式來實作一 4*4 二維陣列的轉置矩陣。

```
01  arrA=[[1,2,3,4],[5,6,7,8],[9,10,11,12],[13,14,15,16]]
02  N=4
03  # 宣告 4x4 陣列 arr
04  arrB=[[None] * N for row in range(N)]
05
06  print('[ 原設定的矩陣內容 ]')
07  for i in range(4):
08      for j in range(4):
09          print('%d' %arrA[i][j],end='\t')
10      print()
11
12  # 進行矩陣轉置的動作
13  for i in range(4):
14      for j in range(4):
15          arrB[i][j]=arrA[j][i]
16
17  print('[ 轉置矩陣的內容為 ]')
18  for i in range(4):
19      for j in range(4):
20          print('%d' %arrB[i][j],end='\t')
21      print()
```

⟳ **執行結果**

```
[原設定的矩陣內容]
1          2          3          4
5          6          7          8
9          10         11         12
13         14         15         16
[轉置矩陣的內容為]
1          5          9          13
2          6          10         14
3          7          11         15
4          8          12         16
```

6-1-4　稀疏矩陣

稀疏矩陣最簡單的定義就是一個矩陣中大部份的元素為 0，即可稱為「稀疏矩陣」（Sparse Matrix）。例如下列的矩陣就是相當典型的稀疏矩陣。

$$\begin{bmatrix} 25 & 0 & 0 & 32 & 0 & -25 \\ 0 & 33 & 77 & 0 & 0 & 0 \\ 0 & 0 & 0 & 55 & 0 & 0 \\ 0 & 0 & 0 & 0 & 0 & 0 \\ 101 & 0 & 0 & 0 & 0 & 0 \\ 0 & 0 & 38 & 0 & 0 & 0 \end{bmatrix} \quad 6 \times 6$$

當然如果直接使用傳統的二維陣列來儲存上圖的稀疏矩陣也是可以，但事實上有許多元素都是 0。這樣的作法在矩陣很大時的稀疏矩陣，就會十分浪費記憶體空間。

而改進空間浪費的方法就是利用三項式（3-tuple）的資料結構。我們把每一個非零項目以（i, j, item-value）來表示。更詳細的形容，就是假如一個稀疏矩陣有 n 個非零項目，那麼可以利用一個 A(0:n, 1:3) 的二維陣列來表示。

其中 A(0,1) 代表此稀疏矩陣的列數，A(0,2) 代表此稀疏矩陣的行數，而 A(0,3) 則是此稀疏矩陣非零項目的總數。另外每一個非零項目以（i, j, item-value）來表示。其中 i 為此非零項目所在的列數，j 為此非零項目所在的行數，item-value 則為此非零項的值。以上圖 6*6 稀疏矩陣為例，可以如右表示：

	1	2	3
0	6	6	8
1	1	1	25
2	1	4	32
3	1	6	-25
4	2	2	33
5	2	3	77
6	3	4	55
7	5	1	101
8	6	3	38

A(0,1) => 表示此矩陣的列數

A(0,2) => 表示此矩陣的行數

A(0,3) => 表示此矩陣非零項目的總數

這種利用 3 項式（3-tuple）資料結構來壓縮稀疏矩陣，可以減少記憶體不必要的浪費。

範例 **ch06_04.py** ┃ 請設計一 **Python** 程式來利用 **3** 項式（**3-tuple**）資料結構，並壓縮 **6*6** 稀疏矩陣，以達到減少記憶體不必要的浪費。

```
01  NONZERO=0
02  temp=1
03  Sparse=[[15,0,0,22,0,-15],[0,11,3,0,0,0],
04      [0,0,0,-6,0,0],[0,0,0,0,0,0],
05      [91,0,0,0,0,0],[0,0,28,0,0,0]] # 宣告稀疏矩陣，稀疏矩陣的所有元素
                                          設為 0
06  Compress=[[None] * 3 for row in range(9)] # 宣告壓縮矩陣
07
08  print('[ 稀疏矩陣的各個元素 ]') # 印出稀疏矩陣的各個元素
09  for i in range(6):
10      for j in range(6):
11          print('[%d]' %Sparse[i][j], end='\t')
12          if Sparse[i][j] !=0:
13              NONZERO=NONZERO+1
14      print()
15
16  # 開始壓縮稀疏矩陣
17  Compress[0][0] = 6
```

```
18  Compress[0][1] = 6
19  Compress[0][2] = NONZERO
20
21  for i in range(6):
22      for j in range(6):
23          if Sparse[i][j] !=0:
24              Compress[temp][0]=i
25              Compress[temp][1]=j
26              Compress[temp][2]=Sparse[i][j]
27              temp=temp+1
28
29  print('[ 稀疏矩陣壓縮後的內容 ]')  # 印出壓縮矩陣的各個元素
30  for i in range(NONZERO+1):
31      for j in range(3):
32          print('[%d] ' %Compress[i][j], end='')
33      print()
```

🔄 執行結果

```
[稀疏矩陣的各個元素]
[15]     [0]      [0]      [22]     [0]      [-15]

[0]      [11]     [3]      [0]      [0]      [0]

[0]      [0]      [0]      [-6]     [0]      [0]

[0]      [0]      [0]      [0]      [0]      [0]

[91]     [0]      [0]      [0]      [0]      [0]

[0]      [0]      [28]     [0]      [0]      [0]

[稀疏矩陣壓縮後的內容]
[6] [6] [8]
[0] [0] [15]
[0] [3] [22]
[0] [5] [-15]
[1] [1] [11]
[1] [2] [3]
[2] [3] [-6]
[4] [0] [91]
[5] [2] [28]
```

各位清楚了壓縮稀疏矩陣的儲存方法後，我們還要說明稀疏矩陣的相關運算，例如轉置矩陣的問題就是挺有趣的。依照轉置矩陣的基本定義，對於任何稀疏矩陣而言，它的轉置矩陣仍然是一個稀疏矩陣。

如果直接將此稀疏矩陣轉換，因為只利用兩個 for 迴圈，所以時間複雜度可以視為 O(columns*rows)。如果說我們利用一個用三項式表示的壓縮矩陣，它首先會決定在原始稀疏陣中每一行的元素個數。根據這個原因，就可以事先決定轉置矩陣中每一列的起始位置，接著再將原始稀疏矩陣中的元素一個個地放到在轉置矩陣中的相關正確位置。這樣的做法可以將時間複雜度調整到 O(columns+rows)。

6-2　陣列與多項式

多項式是數學中相當重要的表現方式，通常如果使用電腦來處理多項式的各種相關運算，可以將多項式以陣列（Array）或鏈結串列（Linked List）來儲存。本節中，我們還是集中討論多項式以陣列結構表示的相關應用。

6-2-1　多項式陣列表示法

假如一個多項式 $P(x)=a_n x^n + a_{n-1} x^{n-1} + \cdots\cdots + a_1 x + a_0$，則稱 P(x) 為一 n 次多項式。而一個多項式使用陣列結構儲存在電腦中的話，可以使用以下兩種模式：

❶ 使用一個 n+2 長度的一維陣列存放，陣列的第一個位置儲存最大指數 n，其他位置依照指數 n 遞減，依序儲存相對應的係數：

P=$(n, a_n, a_{n-1}, \cdots\cdots, a_1, a_0)$ 儲存在 A(1:n+2)，例如 $P(x)=2x^5 + 3x^4 + 5x^2 + 4x + 1$，可轉換為成 A 陣列來表示，例如：

```
A={5,2,3,0,5,4,1}
```

使用這種表示法的優點就是在電腦中運用時，對於多項式的各種運算（如加法與乘法）較為方便設計。不過如果多項式的係數為多半為零，如 $x^{100}+1$，就顯得太浪費空間了。

❷ 只儲存多項式中非零項目。如果有 m 項非零項目，則使用 2m+1 長的陣列來儲存每一個非零項的指數及係數，但陣列的第一個元素則為此多項式非零項的個數。

例如 $P(x)=2x^5+3x^4+5x^2+4x+1$，可表示成 A(1:2m+1) 陣列，例如：

```
A=[5,2,5,3,4,5,2,4,1,1,0]
```

這種方法的優點是可以節省不必要的記憶空間浪費，但缺點則是在多項式各種演算法設計時，會較為複雜許多。

範例 **ch06_05.py** ▌ 以下以本節所介紹的第一種多項式表示法設計一個 Python 程式，來進行兩多項式 $A(x)=3x^4+7x^3+6x+2$，$B(x)=x^4+5x^3+2x^2+9$ 的加法運算。

```
01   # 將兩個最高次方相等的多項式相加後輸出結果
02   ITEMS=6
03   def PrintPoly(Poly,items):
04       MaxExp=Poly[0]
05       for i in range(1,Poly[0]+2):
06           MaxExp=MaxExp-1
07           if Poly[i]!=0:
08               if (MaxExp+1)!=0:
09                   print(' %dX^%d ' %(Poly[i],MaxExp+1), end='')
10               else:
11                   print(' %d' %Poly[i], end='')
12               if MaxExp>=0:
13                   print('%c' %'+', end='')
14       print()
15
16   def PolySum(Poly1, Poly2):
```

```
17      result=[None]*ITEMS
18      result[0] = Poly1[0]
19      for i in range(1,Poly1[0]+2):
20          result[i]=Poly1[i]+Poly2[i]  # 等冪的係數相加
21      PrintPoly(result,ITEMS)
22
23  PolyA=[4,3,7,0,6,2]        # 宣告多項式 A
24  PolyB=[4,1,5,2,0,9]  # 宣告多項式 B
25  print(' 多項式 A=> ', end='')
26  PrintPoly(PolyA,ITEMS)     # 印出多項式 A
27  print(' 多項式 B=> ', end='')
28  PrintPoly(PolyB,ITEMS)     # 印出多項式 B
29  print('A+B => ', end='')
30  PolySum(PolyA,PolyB)  # 多項式 A+ 多項式 B
```

執行結果

```
多項式A=>   3X^4 + 7X^3 + 6X^1 + 2
多項式B=>   1X^4 + 5X^3 + 2X^2 + 9
A+B =>   4X^4 + 12X^3 + 2X^2 + 6X^1 + 11
```

6-3 徹底玩轉單向串列演算法

在 Python 語言中，如果以動態配置產生鏈結串列的節點，必須先行自訂一個類別，接著在該類別中定義一個指標欄位，用意在指向下一個鏈結點，及至少一個資料欄位。例如我們宣告一學生成績串列節點的結構宣告，並且包含下面兩個資料欄位；姓名（name）、成績（score），與一個指標欄位（next）。在 Python 語言中可以宣告如下：

```
class student:
    def __init__(self):
        self.name=''
        self.score=0
        self.next=None
```

當各位完成節點類別的宣告後，就可以動態建立鏈結串列中的每個節點。假設我們現在要新增一個節點至串列的尾端，且 ptr 指向串列的第一個節點，在程式上必須設計四個步驟：

① 動態配置記憶體空間給新節點使用。

② 將原串列尾端的指標欄（next）指向新元素所在的記憶體位置。

③ 將 ptr 指標指向新節點的記憶體位置，表示這是新的串列尾端。

④ 由於新節點目前為串列最後一個元素，所以將它的指標欄（next）指向 None。

例如要將 s1 的 next 變數指向 s2，而且 s2 的 next 變數指向 None：

```
s1.next = s2;
s2.next = None
```

由於串列的基本特性就是 next 變數將會指向下一個節點，這時 s1 節點與 s2 節點間的關係就如下圖所示：

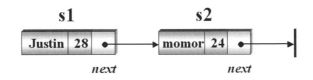

以下 Python 程式片段是建立學生節點的單向鏈結串列的演算法：

```
head=student() # 建立串列首
head.next=None # 目前無下個元素
ptr = head # 設定存取指標位置
select=0
```

```
while select !=2:
    print('(1) 新增  (2) 離開 =>')
    try:
        select=int(input(' 請輸入一個選項 : '))
    except ValueError:
        print(' 輸入錯誤 ')
        print(' 請重新輸入 \n')
    if select ==1:
        new_data=student() # 新增下一元素
        new_data.name=input(' 姓名 :')
        new_data.no=input(' 學號 :')
        new_data.Math=eval(input(' 數學成績 :'))
        new_data.Eng=eval (input(' 英文成績 :'))
        ptr.next=new_data # 存取指標設定為新元素所在位置
        new_data.next=None # 下一元素的 next 先設定為 None
        ptr=ptr.next
```

6-3-1　單向鏈結串列的連結

對於兩個或以上鏈結串列的連結（concatenation），其實作法也很容易；只要將串列的首尾相連即可。如下圖所示：

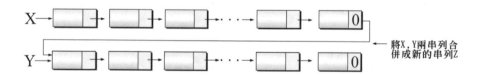

將 X, Y 兩串列合併成新的串列 Z

範例　**ch06_06.py** ▎ 以下請設計一 **Python** 程式，將兩組學生成績串列連結起來，並輸出新的學生成績串列。

```
01  # [ 示範 ]: 單向串列的連結功能
02  import sys
03
04  import random
05
06  def concatlist(ptr1,ptr2):
07      ptr=ptr1
08      while ptr.next!=None:
```

```
09          ptr=ptr.next
10      ptr.next=ptr2
11      return ptr1
12
13  class employee:
14      def __init__(self):
15          self.num=0
16          self.salary=0
17          self.name=''
18          self.next=None
19
20  findword=0
21  data=[[None]*2 for row in range(12)]
22
23  namedata1=['Allen','Scott','Marry','Jon', \
24            'Mark','Ricky','Lisa','Jasica', \
25            'Hanson','Amy','Bob','Jack']
26
27  namedata2=['May','John','Michael','Andy', \
28            'Tom','Jane','Yoko','Axel', \
29            'Alex','Judy','Kelly','Lucy']
30
31  for i in range(12):
32      data[i][0]=i+1
33      data[i][1]=random.randint(51,100)
34
35  head1=employee()      # 建立第一組串列首
36  if not head1:
37      print('Error!! 記憶體配置失敗!!')
38      sys.exit(0)
39
40  head1.num=data[0][0]
41  head1.name=namedata1[0]
42  head1.salary=data[0][1]
43  head1.next=None
44  ptr=head1
45  for i in range(1,12):    # 建立第一組鏈結串列
46      newnode=employee()
47      newnode.num=data[i][0]
48      newnode.name=namedata1[i]
49      newnode.salary=data[i][1]
50      newnode.next=None
51      ptr.next=newnode
52      ptr=ptr.next
53
```

```
54  for i in range(12):
55      data[i][0]=i+13
56      data[i][1]=random.randint(51,100)
57
58  head2=employee()    # 建立第二組串列首
59  if not head2:
60      print('Error!! 記憶體配置失敗!!')
61      sys.exit(0)
62
63  head2.num=data[0][0]
64  head2.name=namedata2[0]
65  head2.salary=data[0][1]
66  head2.next=None
67  ptr=head2
68  for i in range(1,12):   # 建立第二組鏈結串列
69      newnode=employee()
70      newnode.num=data[i][0]
71      newnode.name=namedata2[i]
72      newnode.salary=data[i][1]
73      newnode.next=None
74      ptr.next=newnode
75      ptr=ptr.next
76
77  i=0
78  ptr=concatlist(head1,head2)  # 將串列相連
79  print(' 兩個鏈結串列相連的結果:')
80  while ptr!=None:  # 列印串列資料
81      print('[%2d %6s %3d] => ' %(ptr.num,ptr.name,ptr.salary),end='')
82      i=i+1
83      if i>=3:
84          print()
85          i=0
86      ptr=ptr.next
```

🔄 執行結果

```
兩個鏈結串列相連的結果:
[ 1   Allen  71] => [ 2   Scott  59] => [ 3   Marry  78] =>
[ 4     Jon  74] => [ 5    Mark  51] => [ 6   Ricky  58] =>
[ 7    Lisa  75] => [ 8  Jasica  64] => [ 9  Hanson  62] =>
[10     Amy  71] => [11     Bob  88] => [12    Jack  86] =>
[13     May  75] => [14    John  64] => [15 Michael  52] =>
[16    Andy  99] => [17     Tom  90] => [18    Jane  69] =>
[19    Yoko  61] => [20    Axel  79] => [21    Alex  76] =>
[22    Judy  87] => [23   Kelly 100] => [24    Lucy  67] =>
```

6-3-2　單向串列插入新節點

在單向鏈結串列中插入新節點，如同一列火車中加入新的車箱，有三種情況：加於第 1 個節點之前、加於最後一個節點之後，以及加於此串列中間任一位置。接下來，我們利用圖解方式說明如下：

①　新節點插入第一個節點之前，即成為此串列的首節點

只需把新節點的指標指向串列的原來第一個節點，再把串列指標首移到新節點上即可。

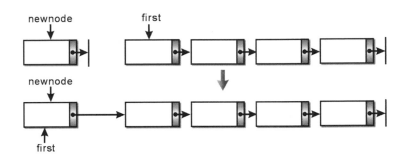

Python 的演算法如下：

```
newnode.next=first
first=newnode
```

②　新節點插入最後一個節點之後

只需把串列的最後一個節點的指標指向新節點，新節點再指向 None 即可。

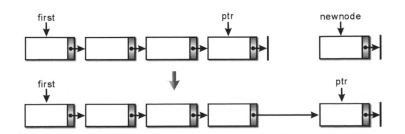

Python 的演算法如下：

```
ptr.next=newnode
newnode.next=None
```

③ 將新節點插入串列中間的位置

例如插入的節點是在 X 與 Y 之間，只要將 X 節點的指標指向新節點，新
節點的指標指向 Y 節點即可。如下圖所示：

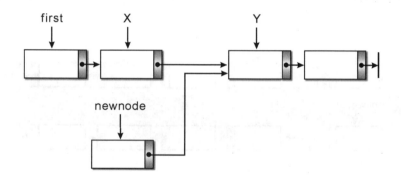

接著把插入點指標指向的新節點：

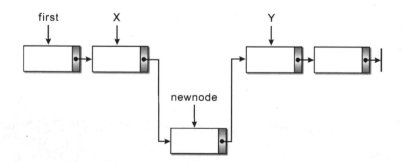

Python 的演算法如下：

```
newnode.next=x.next
x.next=newnode
```

範例 **ch06_07.py** ▎請設計一 Python 程式，建立一個員工資料的單向鏈結串列，並且允許可以在串列首、串列尾及串列中間等三種狀況下插入新節點。最後離開時，列出此串列的最後所有節點的資料欄內容。結構成員型態如下：

```python
class employee:
    def __init__(self):
        self.num=0
        self.salary=0
        self.name=''
        self.next=None
```

```python
01   import sys
02
03   class employee:
04       def __init__(self):
05           self.num=0
06           self.salary=0
07           self.name=''
08           self.next=None
09
10   def findnode(head,num):
11       ptr=head
12
13       while ptr!=None:
14           if ptr.num==num:
15               return ptr
16           ptr=ptr.next
17       return ptr
18
19   def insertnode(head,ptr,num,salary,name):
20       InsertNode=employee()
21       if not InsertNode:
22           return None
23       InsertNode.num=num
24       InsertNode.salary=salary
25       InsertNode.name=name
26       InsertNode.next=None
27       if ptr==None: # 插入第一個節點
28           InsertNode.next=head
29           return InsertNode
```

```
30      else:
31          if ptr.next==None: # 插入最後一個節點
32              ptr.next=InsertNode
33          else: # 插入中間節點
34              InsertNode.next=ptr.next
35              ptr.next=InsertNode
36      return head
37
38  position=0
39  data=[[1001,32367],[1002,24388],[1003,27556],[1007,31299], \
40      [1012,42660],[1014,25676],[1018,44145],[1043,52182], \
41      [1031,32769],[1037,21100],[1041,32196],[1046,25776]]
42  namedata=['Allen','Scott','Marry','John','Mark','Ricky', \
43          'Lisa','Jasica','Hanson','Amy','Bob','Jack']
44  print(' 員工編號  薪水  員工編號  薪水  員工編號  薪水  員工編號  薪水 ')
45  print('-----------------------------------------------------')
46  for i in range(3):
47      for j in range(4):
48          print('[%4d] $%5d ' %(data[j*3+i][0],data[j*3+i][1]),end='')
49      print()
50  print('-----------------------------------------------------\n')
51  head=employee()  # 建立串列首
52  head.next=None
53
54  if not head:
55      print('Error!! 記憶體配置失敗 !!\n')
56      sys.exit(1)
57  head.num=data[0][0]
58  head.name=namedata[0]
59  head.salary=data[0][1]
60  head.next=None
61  ptr=head
62  for i in range(1,12): # 建立串列
63      newnode=employee()
64      newnode.next=None
65      newnode.num=data[i][0]
66      newnode.name=namedata[i]
67      newnode.salary=data[i][1]
68      newnode.next=None
69      ptr.next=newnode
70      ptr=ptr.next
71
72  while(True):
73      print(' 請輸入要插入其後的員工編號，如輸入的編號不在此串列中，')
74      position=int(input(' 新輸入的員工節點將視為此串列的串列首，要結束插入過
                          程，請輸入 -1：'))
```

```
75      if position ==-1:
76          break
77      else:
78
79          ptr=findnode(head,position)
80          new_num=int(input('請輸入新插入的員工編號：'))
81          new_salary=int(input('請輸入新插入的員工薪水：'))
82          new_name=input('請輸入新插入的員工姓名：')
83          head=insertnode(head,ptr,new_num,new_salary,new_name)
84      print()
85
86  ptr=head
87  print('\t員工編號    姓名\t薪水')
88  print('\t============================')
89  while ptr!=None:
90      print('\t[%2d]\t[ %-7s]\t[%3d]' %(ptr.num,ptr.name,ptr.salary))
91      ptr=ptr.next
```

🔄 執行結果

```
員工編號 薪水  員工編號 薪水  員工編號 薪水  員工編號 薪水
--------------------------------------------------------
[1001] $32367 [1007] $31299 [1018] $44145 [1037] $21100
[1002] $24388 [1012] $42660 [1043] $52182 [1041] $32196
[1003] $27556 [1014] $25676 [1031] $32769 [1046] $25776
--------------------------------------------------------

請輸入要插入其後的員工編號,如輸入的編號不在此串列中,
新輸入的員工節點將視為此串列的串列首,要結束插入過程,請輸入-1：1041
請輸入新插入的員工編號：1088
請輸入新插入的員工薪水：68000
請輸入新插入的員工姓名： Jane

請輸入要插入其後的員工編號,如輸入的編號不在此串列中,
新輸入的員工節點將視為此串列的串列首,要結束插入過程,請輸入-1：-1
    員工編號      姓名    薪水
    ================================
    [1001]   [ Allen  ]      [32367]
    [1002]   [ Scott  ]      [24388]
    [1003]   [ Marry  ]      [27556]
    [1007]   [ John   ]      [31299]
    [1012]   [ Mark   ]      [42660]
    [1014]   [ Ricky  ]      [25676]
    [1018]   [ Lisa   ]      [44145]
    [1043]   [ Jasica ]      [52182]
    [1031]   [ Hanson ]      [32769]
    [1037]   [ Amy    ]      [21100]
    [1041]   [ Bob    ]      [32196]
    [1088]   [ Jane   ]      [68000]
    [1046]   [ Jack   ]      [25776]
```

6-3-3 單向鏈結串列刪除節點

在單向鏈結型態的資料結構中，如果要在串列中刪除一個節點，如同一列火車中拿掉原有的車箱，依據所刪除節點的位置會有三種不同的情形：

① 刪除串列的第一個節點

只要把串列指標首指向第二個節點即可。如下圖所示：

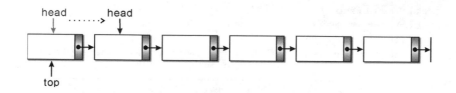

Python 的演算法如下：

```
top=head.
head=head.next
```

② 刪除串列後的最後一個節點

只要指向最後一個節點 ptr 的指標，直接指向 None 即可。如下圖所示：

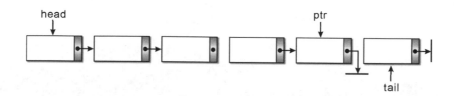

Python 的演算法如下：

```
ptr.next=tail
ptr.next=None
```

③ 刪除串列內的中間節點

只要將刪除節點的前一個節點的指標，指向欲刪除節點的下一個節點即可。如下圖所示：

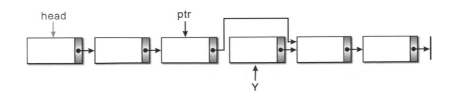

Python 的演算法如下：

```
Y=ptr.next
ptr.next=Y.next
```

範例 **ch06_08.py** ▌ 請設計一 **Python** 程式，在一員工資料的串列中刪除節點，並且允許所刪除的節點有串列首、串列尾及串列中間等三種狀況。最後離開時，列出此串列的最後所有節點的資料欄內容。結構成員型態如下：

```
class employee:
    def __init__(self):
        self.num=0
        self.salary=0
        self.name=''
        self.next=None
```

```
01  import sys
02  class employee:
03      def __init__(self):
04          self.num=0
05          self.salary=0
06          self.name=''
07          self.next=None
```

```
08
09  def del_ptr(head,ptr):   # 刪除節點副程式
10      top=head
11      if ptr.num==head.num:   #[ 情形 1]: 刪除點在串列首
12          head=head.next
13          print('已刪除第 %d 號員工 姓名：%s 薪資 :%d' %(ptr.num,ptr.
    name,ptr.salary))
14      else:
15          while top.next!=ptr:   # 找到刪除點的前一個位置
16              top=top.next
17          if ptr.next==None:     # 刪除在串列尾的節點
18              top.next=None
19              print('已刪除第 %d 號員工 姓名：%s 薪資 :%d' %(ptr.num,ptr.
    name,ptr.salary))
20          else:
21              top.next=ptr.next # 刪除在串列中的任一節點
22              print('已刪除第 %d 號員工 姓名：%s 薪資 :%d' %(ptr.num,ptr.
    name,ptr.salary))
23      return head  # 回傳串列
24
25  def main():
26      findword=0
27      namedata=['Allen','Scott','Marry','John',\
28                'Mark','Ricky','Lisa','Jasica',\
29                'Hanson','Amy','Bob','Jack']
30      data=[[1001,32367],[1002,24388],[1003,27556],[1007,31299], \
31            [1012,42660],[1014,25676],[1018,44145],[1043,52182], \
32            [1031,32769],[1037,21100],[1041,32196],[1046,25776]]
33      print(' 員工編號 薪水 員工編號 薪水 員工編號 薪水 員工編號 薪水 ')
34      print('-------------------------------------------------------')
35      for i in range(3):
36          for j in range(4):
37              print('%2d  [%3d]   ' %(data[j*3+i][0],data[j*3+i][1]),end='')
38          print()
39      head=employee() # 建立串列首
40      if not head:
41          print('Error!! 記憶體配置失敗 !!')
42          sys.exit(0)
43      head.num=data[0][0]
44      head.name=namedata[0]
45      head.salary=data[0][1]
46      head.next=None
```

```
47
48      ptr=head
49      for i in range(1,12):    # 建立串列
50          newnode=employee()
51          newnode.num=data[i][0]
52          newnode.name=namedata[i]
53          newnode.salary=data[i][1]
54          newnode.num=data[i][0]
55          newnode.next=None
56          ptr.next=newnode
57          ptr=ptr.next
58
59      while(True):
60          findword=int(input(' 請輸入要刪除的員工編號，要結束刪除過程，請輸
    入 -1：'))
61          if(findword==-1):  # 迴圈中斷條件
62              break
63          else:
64              ptr=head
65              find=0
66              while ptr!=None:
67                  if ptr.num==findword:
68                      ptr=del_ptr(head,ptr)
69                      find=find+1
70                      head=ptr
71                  ptr=ptr.next
72              if find==0:
73                  print('###### 沒有找到 ######')
74
75      ptr=head
76      print('\t 座號 \t      姓名 \t 成績 ')      # 列印剩餘串列資料
77      print('\t==============================')
78      while(ptr!=None):
79          print('\t[%2d]\t[ %-10s]\t[%3d]' %(ptr.num,ptr.name,ptr.salary))
80          ptr=ptr.next
81  main()
```

執行結果

```
員工編號 薪水  員工編號 薪水  員工編號 薪水  員工編號 薪水
--------------------------------------------------------------
1001  [32367]  1007  [31299]  1018  [44145]  1037  [21100]
1002  [24388]  1012  [42660]  1043  [52182]  1041  [32196]
1003  [27556]  1014  [25676]  1031  [32769]  1046  [25776]
請輸入要刪除的員工編號,要結束刪除過程,請輸入-1:1041
已刪除第 1041 號員工 姓名:Bob 薪資:32196
請輸入要刪除的員工編號,要結束刪除過程,請輸入-1:-1
        座號          姓名 成績
        ============================
        [1001]  [ Allen    ]  [32367]
        [1002]  [ Scott    ]  [24388]
        [1003]  [ Marry    ]  [27556]
        [1007]  [ John     ]  [31299]
        [1012]  [ Mark     ]  [42660]
        [1014]  [ Ricky    ]  [25676]
        [1018]  [ Lisa     ]  [44145]
        [1043]  [ Jasica   ]  [52182]
        [1031]  [ Hanson   ]  [32769]
        [1037]  [ Amy      ]  [21100]
        [1046]  [ Jack     ]  [25776]
```

6-3-4 單向鏈結串列的反轉

看完了節點的刪除及插入後,各位可以發現在這種具有方向性的鏈結串列結構中增刪節點是相當容易的一件事。而要從頭到尾列印整個串列也不難,不過如果要反轉過來列印就真得需要某些技巧了。我們知道在鏈結串列中的節點特性是知道下一個節點的位置,可是卻無從得知它的上一個節點位置,不過如果要將串列反轉,則必須使用三個指標變數。請看下圖說明:

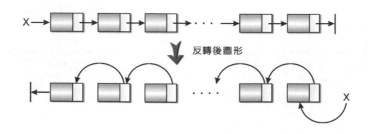

Python 的演算法如下：

```python
class employee:
    def __init__(self):
        self.num=0
        self.salary=0
        self.name=''
        self.next=None
def invert(x): #x 為串列的開始指標
    p=x # 將 p 指向串列的開頭
    q=None #q 是 p 的前一個節點
    while p!=None:
        r=q # 將 r 接到 q 之後
        q=p # 將 q 接到 p 之後
        p=p.next #p 移到下一個節點
        q.next=r #q 連結到之前的節點
    return q
```

在以上演算法 invert(x) 中，我們使用了 p、q、r 三個指標變數，它的運算過程如下：

① 執行 while 迴路前

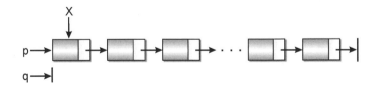

② 第一次執行 while 迴路

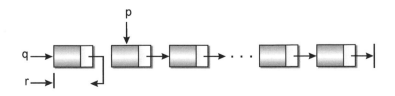

③ 第二次執行 while 迴路

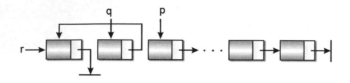

當執行到 p=None 時，整個串列也就整個反轉過來了。

範例 ch06_09.py ┃ 請設計一 Python 程式，延續範例將員工資料的串列節點依照座號反轉列印出來。

```
01  class employee:
02      def __init__(self):
03          self.num=0
04          self.salary=0
05          self.name=''
06          self.next=None
07
08  findword=0
09
10  namedata=['Allen','Scott','Marry','Jon', \
11           'Mark','Ricky','Lisa','Jasica', \
12           'Hanson','Amy','Bob','Jack']
13
14  data=[[1001,32367],[1002,24388],[1003,27556],[1007,31299], \
15       [1012,42660],[1014,25676],[1018,44145],[1043,52182], \
16       [1031,32769],[1037,21100],[1041,32196],[1046,25776]]
17
18  head=employee()  # 建立串列首
19  if not head:
20      print('Error!! 記憶體配置失敗!!')
21      sys.exit(0)
22
23  head.num=data[0][0]
24  head.name=namedata[0]
25  head.salary=data[0][1]
26  head.next=None
27  ptr=head
```

```
28  for i in range(1,12): #建立鏈結串列
29      newnode=employee()
30      newnode.num=data[i][0]
31      newnode.name=namedata[i]
32      newnode.salary=data[i][1]
33      newnode.next=None
34      ptr.next=newnode
35      ptr=ptr.next
36
37  ptr=head
38  i=0
39  print('原始員工串列節點資料：')
40  while ptr !=None:   #列印串列資料
41      print('[%2d %6s %3d] => ' %(ptr.num,ptr.name,ptr.salary), end='')
42      i=i+1
43      if i>=3: #三個元素為一列
44          print()
45          i=0
46      ptr=ptr.next
47
48  ptr=head
49  before=None
50  print('\n反轉後串列節點資料：')
51  while ptr!=None: #串列反轉，利用三個指標
52      last=before
53      before=ptr
54      ptr=ptr.next
55      before.next=last
56
57  ptr=before
58  while ptr!=None:
59      print('[%2d %6s %3d] => ' %(ptr.num,ptr.name,ptr.salary), end='')
60      i=i+1
61      if i>=3:
62          print()
63          i=0
64      ptr=ptr.next
```

執行結果

```
原始員工串列節點資料:
[1001   Allen 32367] => [1002   Scott 24388] => [1003   Marry 27556] =>
[1007     Jon 31299] => [1012    Mark 42660] => [1014   Ricky 25676] =>
[1018    Lisa 44145] => [1043 Jasica 52182] => [1031 Hanson 32769] =>
[1037     Amy 21100] => [1041     Bob 32196] => [1046    Jack 25776] =>

反轉後串列節點資料:
[1046    Jack 25776] => [1041     Bob 32196] => [1037     Amy 21100] =>
[1031 Hanson 32769] => [1043 Jasica 52182] => [1018    Lisa 44145] =>
[1014   Ricky 25676] => [1012    Mark 42660] => [1007     Jon 31299] =>
[1003   Marry 27556] => [1002   Scott 24388] => [1001   Allen 32367] =>
```

想一想，怎麼做？

1. 陣列結構型態通常包含哪幾種屬性？

2. 如下圖，請利用 Python 語言，試寫出新增一個節點 I 演算法。

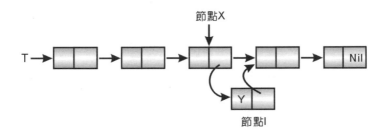

3. 在 n 筆資料的鏈結串列中搜尋一筆資料，若以平均所花的時間考量，其時間複雜度為何？

4. 請以圖形說明環狀串列的反轉演算法。

5. 什麼是轉置矩陣？試簡單舉例說明。

6. 在單向鏈結型態的資料結構中，依據所刪除節點的位置會有哪三種不同的情形？

MEMO

實戰安全性演算法

>> 輕鬆學會資料加密

>> 一學就懂的雜湊演算法

>> 破解碰撞與溢位處理

網路已成為我們日常生活不可或缺的一部分,使用電腦上網的機率也越趨頻繁,資訊可透過網路來互通共享,部份資訊可公開,但部份資訊屬機密,網路設計的目的是為了提供最自由的資訊、資料和檔案交換,不過網路交易風險確實存在很多風險,正因為網際網路的成功也超乎設計者的預期,除了帶給人們許多便利外,也帶來許多安全上的問題。

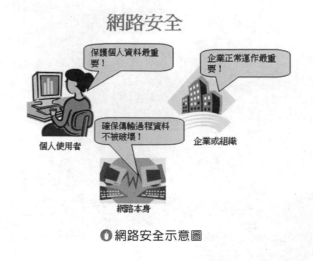

● 網路安全示意圖

對於資訊安全而言,很難有一個十分嚴謹而明確的定義或標準。例如就個人使用者來說,只是代表在網際網路上瀏覽時,個人資料不被竊取或破壞,不過對於企業組織而言,

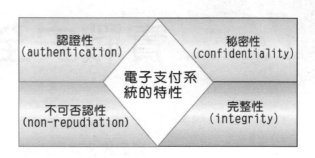

可能就代表著進行電子交易時的安全考量與不法駭客的入侵等。簡單來說,資訊安全(Information Security)的基本功能就是必須具備以下四種特性:

- **秘密性(confidentiality)**:表示交易相關資料必須保密,當資料傳遞時,確保資料在網路上傳送不會遭截取、窺竊而洩漏資料內容,除了被授權的人,在網路上不怕被攔截或偷窺,而損害其秘密性。

- **完整性(integrity)**:表示當資料送達時必須保證資料沒有被竄改的疑慮,訊息如遭竄改時,該筆訊息就會無效,例如由甲端傳至乙端的資料有沒有被竄改,乙端在收訊時,立刻知道資料是否完整無誤。

■ **認證性（authentication）**：表示當傳送方送出資訊時，就必須能確認傳送者的身分是否為冒名，例如傳送方無法冒名傳送資料，持卡人、商家、發卡行、收單行和支付閘道，都必須申請數位憑證進行身份識別。

■ **不可否認性（non-repudiation）**：表示保證使用者無法否認他所完成過之資料傳送行為的一種機制，必須不易被複製及修改，就是指無法否認其傳送或接收訊息行為，例如收到金錢不能推說沒收到；同樣錢用掉不能推收遺失，不能否認其未使用過。

國際標準制定機構－英國標準協會（BSI）曾經於 1995 年提出 BS 7799 資訊安全管理系統，最新的一次修訂已於 2005 年完成，並經國際標準化組織（ISO）正式通過成為 ISO 27001 資訊安全管理系統要求標準，為目前國際公認最完整之資訊安全管理標準，可以幫助企業與機構在高度網路化的開放服務環境鑑別、管理和減少資訊所面臨的各種風險。

7-1　輕鬆學會資料加密

未經加密處理的商業資料或文字資料在網路上進行傳輸時，任何有心人士都能夠隨手取得，並且一覽無遺。因此在資料傳送前必須先將原始的資料內容，以事先定義好的演算法、運算式或編碼方法，將資料轉換成不具任何意義的代碼，而這個處理過程就是「加密」（Encrypt）。資料在加密前稱為「明文」（Plaintext），經過加密後則稱為「密文」（Cipher text）。

經過加密的資料在送抵目的端後，必須經過「解密」（Decrypt）程序，才能將資料還原成原來的內容，而這個加 / 解密的機制則稱為「金鑰」（Key）。至於資料加密及解密的流程如下圖所示：

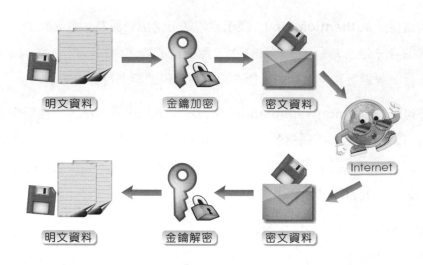

7-1-1 對稱鍵值加密系統

「對稱鍵值加密系統」（Symmetrical Key Encryption）又稱為「單一鍵值加密系統」（Single Key Encryption）或「秘密金鑰系統」（Secret Key）。這種加密系統的運作方式，是由資料傳送者利用「秘密金鑰」（Secret Key）將文件加密，使文件成為一堆的亂碼後，再加以傳送。而接收者收到這個經過加密的密文後，再使用相同的「秘密金鑰」，將文件還原成原來的模樣。因為如果使用者 B 能用這一組密碼解開文件，那麼就能確定這份文件是由使用者 A 加密後傳送過去，如下圖所示：

　　這種加密系統的運作方式較為單純，因此不論在加密及解密上的處理速度都相當快速。常見的對稱鍵值加密系統演算法有 DES（Data Encryption Standard，資料加密標準）、Triple DES、IDEA（International Data Encryption Algorithm，國際資料加密演算法）等。

7-1-2　非對稱鍵值加密系統與 RSA 演算法

　　「非對稱性加密系統」是目前較為普遍，也是金融界應用上最安全的加密系統，或稱為「雙鍵加密系統」（Double key Encryption），這種加密系統主要的運作方式，是以兩把不同的金鑰（Key）來對文件進行加／解密。例如使用者 A 要傳送一份新的文件給使用者 B，使用者 A 會利用使用者 B 的公開金鑰來加密，並將密文傳送給使用者 B。當使用者 B 收到密文後，再利用自己的私密金鑰解密。如下圖所示：

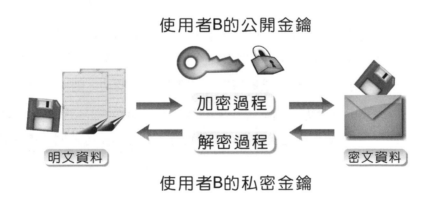

　　例如 RSA（Rivest-Shamir-Adleman）是加密演算法中是一種非對稱加密演算法，在 RSA 演算法之前，加密方法幾乎都是對稱型的，非對稱是因為它利用了兩把不同的鑰匙，一把叫公開金鑰，另一把叫私密金鑰，1977 年由 Ron Rivest、Adi Shamir 和 Leonard Adleman 一起提出的，RSA 就是由三人姓氏開頭字母所組成。

RSA 加解密速度比「對稱式加密演算法」來得慢，是採用隨機選出的超大的質數 p, q，主要是利用兩個質數作為加密與解密的兩個鑰匙，鑰匙的長度約在 40 個位元到 1024 位元間。其中公開鑰匙是用來加密，只有使用私人鑰匙才可以解密，要破解以 RSA 加密的資料，在一定時間內是幾乎不可能，所以是一種十分安全的加解密演算法，特別是在電子商務交易市場被廣泛使用。例如由信用卡國際大廠 VISA 及 MasterCard，於 1996 年共同制定並發表的「安全交易協定」（Secure Electronic Transaction, SET），並陸續獲得 IBM、Microsoft、HP 及 Compaq 等軟硬體大廠的支持，加上 SET 安全機制採用非對稱鍵值加密系統的編碼方式，就是採用知名的 RSA 演算法技術。

7-1-3　認證

在資料傳輸過程中，為了避免使用者 A 發送資料後卻否認，或是有人冒用使用者 A 的名義傳送資料而不自知，我們需要對資料進行認證的工作，後來又衍生出第三種加密方式。首先是以使用者 B 的公開鑰匙加密，接著再利用使用者 A 的私有鑰匙做第二次加密，當使用者 B 在收到密文後，先以 A 的公開鑰匙進行解密，接著再以 B 的私有鑰匙解密，如果能解密成功，則可確保訊息傳遞的私密性，這就是所謂的「認證」。認證的機制看似完美，但是使用公開鑰匙作加解密動作時，計算過程卻是十分複雜，對傳輸工作而言不啻是個沈重的負擔。

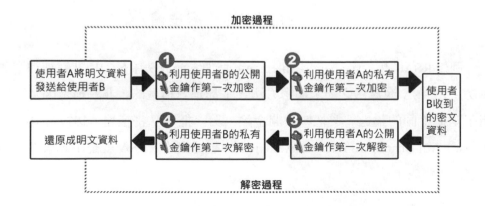

7-1-4 數位簽章

在日常生活中,簽名或蓋章往往是個人對某些承諾或文件署名的負責,而在網路世界中,所謂「數位簽章」(Digital Signature)就是屬於個人的一種「數位身分證」,可用來做為對資料發送的身份進行辨別。

「數位簽章」的運作方式是以公開金鑰及雜湊函數互相搭配使用,使用者 A 先將明文的 M 以雜湊函數計算出雜湊值 H,接著再用自己的私有鑰匙對雜湊值 H 加密,加密後的內容即為「數位簽章」。最後再將明文與數位簽章一起發送給使用者 B。由於這個數位簽章是以 A 的私有鑰匙加密,且該私有鑰匙只有 A 才有,因此該數位簽章可以代表 A 的身份。由於數位簽章機制具有發送者不可否認的特性,因此能夠用來確認文件發送者的身份,使其他人無法偽造此辨別身份。

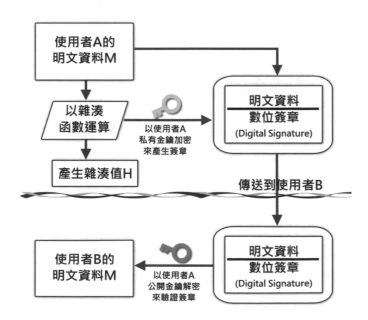

TIPS 雜湊函數（Hash Function）是一種保護資料安全的方法，它能夠將資料進行運算，並且得到一個「雜湊值」，接著再將資料與雜湊值一併傳送。

想要使用數位簽章，當然第一步必須先向認證中心（CA）申請電子證書（Digital Certificate），它可用來認證公開金鑰為某人所有及訊息發送者的不可否認性，而認證中心所核發的數位簽章則包含在電子證書上。通常每一家認證中心的申請過程都不相同，只要各位跟著網頁上的指引步驟去做，即可完成。

TIPS 憑證管理中心（Certification Authority, CA）：為一個具公信力的第三者身分，主要負責憑證申請註冊、憑證簽發、廢止等等管理服務。國內知名的憑證管理中心如下：
- 政府憑證管理中心：https://gcp.nat.gov.tw/index.html
- 網際威信：http://www.hitrust.com.tw/

7-2 一學就懂的雜湊演算法

雜湊法是利用雜湊函數來計算一個鍵值所對應的位址，進而建立雜湊表格，且依賴雜湊函數來搜尋找到各鍵值存放在表格中的位址，搜尋速度與資料多少無關，在沒有碰撞和溢位下，一次讀取即可，更包括保密性高，因為不事先知道雜湊函數就無法搜尋的優點。

選擇雜湊函數時，要特別注意不宜過於複雜，設計原則上至少必須符合計算速度快與碰撞頻率儘量小兩項特點。常見的雜湊法有除法、中間平方法、折疊法及數位分析法。

7-2-1　除法

最簡單的雜湊法是將資料除以某一個常數後，取餘數來當索引。例如在一個有 13 個位置的陣列中，只使用到 7 個位址，值分別是 12,65,70,99,33,67,48。那我們就可以把陣列內的值除以 13，並以其餘數來當索引，我們可以用下列式子來表示：

```
h(key)=key mod B
```

在這個例子中，我們所使用的 B=13。一般而言，會建議各位在選擇 B 時，B 最好是質數。而上例所建立出來的雜湊表如右所示：

索引	資料
0	65
1	
2	67
3	
4	
5	70
6	
7	33
8	99
9	48
10	
11	
12	12

以下我們將用除法作為雜湊函數，將下列數字儲存在 11 個空間：323,458,25,340,28,969,77，請問其雜湊表外觀為何？

令雜湊函數為 h(key)=key mod B，其中 B=11 為一質數，這個函數的計算結果介於 0~10 之間（包括 0 及 10 二數），則 h(323)=4、h(458)=7、h(25)=3、h(340)=10、h(28)=6、h(969)=1、h(77)=0。

索引	資料
0	77
1	969
2	
3	25
4	323
5	
6	28
7	458
8	
9	
10	340

7-2-2 中間平方法

中間平方法和除法相當類似，它是把資料乘以自己，之後再取中間的某段數字做索引。在下例中我們用中間平方法，並將它放在 100 個位址空間，其操作步驟如下：

❶ 將 12,65,70,99,33,67,51 平方後如下：

```
144,4225,4900,9801,1089,4489,2601
```

❷ 我們取百位數及十位數作為鍵值，分別為

```
14、22、90、80、08、48、60
```

上述這 7 個數字的數列就是對應原先 12,65,70,99,33,67,51 等 7 個數字存放在 100 個位址空間的索引鍵值，即

```
f(14)=12
f(22)=65
f(90)=70
f(80)=99
f(8) =33
f(48)=67
f(60)=51
```

若實際空間介於 0~9（即 10 個空間），但取百位數及十位數的值介於 0 ～ 99（共有 100 個空間），所以我們必須將中間平方法第一次所求得的鍵值，再行壓縮 1/10 才可以將 100 個可能產生的值對應到 10 個空間，即將每一個鍵值除以 10 取整數（下例我們以 DIV 運算子作為取整數的除法），我們可以得到下列的對應關係：

```
f(14 DIV 10)=12          f(1)=12
f(22 DIV 10)=65          f(2)=65
f(90 DIV 10)=70          f(9)=70
f(80 DIV 10)=99    ───→  f(8)=99
f(8 DIV 10) =33          f(0)=33
f(48 DIV 10)=67          f(4)=67
f(60 DIV 10)=51          f(6)=51
```

7-2-3　折疊法

　　折疊法是將資料轉換成一串數字後，先將這串數字先拆成數個部份，最後再把它們加起來，就可以計算出這個鍵值的 Bucket Address。例如有一資料，轉換成數字後為 2365479125443，若以每 4 個字為一個部份則可拆為：2365,4791,2544,3。將四組數字加起來後即為索引值：

$$
\begin{array}{r}
2365 \\
4791 \\
2544 \\
+\quad\ \ 3 \\
\hline
9703
\end{array}
$$
　→ bucket address

　　在折疊法中有兩種作法，如上例直接將每一部份相加所得的值作為其 bucket address，這種作法我們稱為「移動折疊法」。但雜湊法的設計原則之一就是降低碰撞，如果您希望降低碰撞的機會，我們可以將上述每一部分數字中的奇數位段或偶數位段反轉，再行相加來取得其 bucket address，這種改良式的作法我們稱為「邊界折疊法（folding at the boundaries）」。

　　請看下例的說明：

❶　狀況一：將偶數位段反轉

　　　　2365（第 1 位段屬於奇數位段故不反轉）

　　　　1974（第 2 位段屬於偶數位段要反轉）

　　　　2544（第 3 位段屬於奇數位段故不反轉）

　　＋　　 3（第 4 位段屬於偶數位段要反轉）

　　　　6886 → bucket address

❷　狀況二：將奇數位段反轉

　　　　5632（第 1 位段屬於奇數位段要反轉）

　　　　4791（第 2 位段屬於偶數位段故不反轉）

　　　　4452（第 3 位段屬於奇數位段要反轉）

　　＋　　 3（第 4 位段屬於偶數位段故不反轉）

　　　 14878 → bucket address

7-2-4　數位分析法

　　數位分析法適用於資料不會更改，且為數字型態的資料，在決定雜湊函數時先逐一檢查資料的相對位置及分佈情形，將重複性高的部份刪除。例如下面這個電話表，它是相當有規則性的，除了區碼全部是 07 外，在中間三個數字的變化也不大，假設位址空間大小 m=999，我們必須從下列數字擷取適當的數字，即數字比較不集中，分佈範圍較為平均（或稱亂度高），最後決定取最後那四個數字的末三碼。故最後可得雜湊表為：

電話
07-772-2234
07-772-4525
07-774-2604
07-772-4651
07-774-2285
07-772-2101
07-774-2699
07-772-2694

索引	電話
234	07-772-2234
525	07-772-4525
604	07-774-2604
651	07-772-4651
285	07-774-2285
101	07-772-2101
699	07-774-2699
694	07-772-2694

相信看完上面幾種雜湊函數之後，各位可以發現雜湊函數並沒有一定規則可循，可能是其中的某一種方法，也可能同時使用好幾種方法，所以雜湊時常被用來處理資料的加密及壓縮。

7-3　破解碰撞與溢位處理

在雜湊法中，當識別字要放入某個 Bucket 時，若該 Bucket 已經滿了，則發生溢位（Overflow）；另一方面雜湊法的理想狀況是所有資料經過雜湊函數運算後都得到不同的值，但現實情況是即使所有關鍵欄位的值都不相同，還是可能得到相同的位址，於是就發生了碰撞（Collision）問題。因此，如何在碰撞後處理溢位的問題就顯得相當的重要。常見的處理演算法如下：

7-3-1　線性探測法

線性探測法是當發生碰撞情形時，如果該索引已有資料，則以線性的方式往後找尋空的儲存位置，一找到位置就把資料放進去。線性探測法通常把雜湊的位置視為環狀結構，如此一來若後面的位置已被填滿而前面還有位置時，可以將資料放到前面。

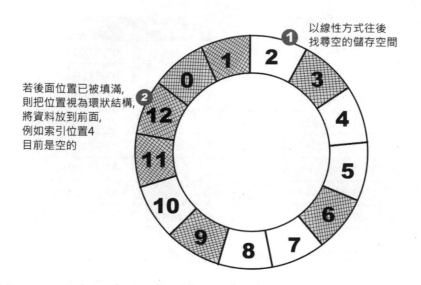

以線性方式往後
找尋空的儲存空間

若後面位置已被填滿,
則把位置視為環狀結構,
將資料放到前面,
例如索引位置4
目前是空的

Python 的線性探測演算法：

```
def create_table(num,index):        # 建立雜湊表副程式
tmp=num%INDEXBOX                     # 雜湊函數 = 資料 %INDEXBOX
    while True:
        if index[tmp]==-1:          # 如果資料對應的位置是空的
            index[tmp]=num          # 則直接存入資料
            break
        else:
            tmp=(tmp+1)%INDEXBOX    # 否則往後找位置存放
```

範例 **ch07_01.py** ┃ 請設計一 Python 程式，以除法的雜湊函數取得索引值。並以線性探測法來儲存資料。

```
01  import random
02
03  INDEXBOX=10      # 雜湊表最大元素
04  MAXNUM=7         # 最大資料個數
05
06  def print_data(data,max_number):   # 列印陣列副程式
07      print('\t',end='')
08      for i in range(max_number):
09          print('[%2d] ' %data[i],end='')
```

```
10        print()
11
12   def create_table(num,index):          # 建立雜湊表副程式
13       tmp=num%INDEXBOX                   # 雜湊函數 = 資料 %INDEXBOX
14       while True:
15           if index[tmp]==-1:            # 如果資料對應的位置是空的
16               index[tmp]=num             # 則直接存入資料
17               break
18           else:
19               tmp=(tmp+1)%INDEXBOX       # 否則往後找位置存放
20
21   # 主程式
22   index=[None]*INDEXBOX
23   data=[None]*MAXNUM
24
25   print('原始陣列值：')
26   for i in range(MAXNUM):               # 起始資料值
27       data[i]=random.randint(1,20)
28   for i in range(INDEXBOX):             # 清除雜湊表
29       index[i]=-1
30   print_data(data,MAXNUM)               # 列印起始資料
31
32   print('雜湊表內容：')
33   for i in range(MAXNUM):               # 建立雜湊表
34       create_table(data[i],index)
35       print(' %2d =>' %data[i],end='')  # 列印單一元素的雜湊表位置
36       print_data(index,INDEXBOX)
37
38   print('完成雜湊表：')
39   print_data(index,INDEXBOX)            # 列印最後完成結果
```

🔄 執行結果

```
原始陣列值：
         [16] [ 1] [ 9] [ 2] [ 2] [13] [ 1]
雜湊表內容：
   16 => [-1] [-1] [-1] [-1] [-1] [-1] [16] [-1] [-1] [-1]
    1 => [-1] [ 1] [-1] [-1] [-1] [-1] [16] [-1] [-1] [-1]
    9 => [-1] [ 1] [-1] [-1] [-1] [-1] [16] [-1] [-1] [ 9]
    2 => [-1] [ 1] [ 2] [-1] [-1] [-1] [16] [-1] [-1] [ 9]
    2 => [-1] [ 1] [ 2] [ 2] [-1] [-1] [16] [-1] [-1] [ 9]
   13 => [-1] [ 1] [ 2] [ 2] [13] [-1] [16] [-1] [-1] [ 9]
    1 => [-1] [ 1] [ 2] [ 2] [13] [ 1] [16] [-1] [-1] [ 9]
完成雜湊表：
         [-1] [ 1] [ 2] [ 2] [13] [ 1] [16] [-1] [-1] [ 9]
```

7-3-2 平方探測法

線性探測法有一個缺失,就是相當類似的鍵值經常會聚集在一起,因此可以考慮以平方探測法來加以改善。在平方探測中,當溢位發生時,下一次搜尋的位址是 $(f(x)+i^2) \bmod B$ 與 $(f(x)-i^2) \bmod B$,即讓資料值加或減 i 的平方,例如資料值 key,雜湊函數 f:

```
第一次尋找:f(key)
第二次尋找:(f(key)+1²)%B
第三次尋找:(f(key)-1²)%B
第四次尋找:(f(key)+2²)%B
第五次尋找:(f(key)-2²)%B
   .
   .
   .
第 n 次尋找:(f(key)±((B-1)/2)²)%B,其中,B 必須為 4j+3 型的質數,且 1≦i≦(B-1)/2
```

7-3-3 再雜湊法

再雜湊就是一開始就先設置一系列的雜湊函數,如果使用第一種雜湊函數出現溢位時就改用第二種,如果第二種也出現溢位則改用第三種,直到沒有發生溢位為止。例如 h1 為 key%11,h2 為 key*key,h3 為 key*key%11,h4...。

接著請利用再雜湊處理下列資料碰撞的問題:

```
681,467,633,511,100,164,472,438,445,366,118;
```

其中雜湊函數為(此處的 m=13)

```
f₁=h(key)=key MOD m
f₂=h(key)=(key+2) MOD m
f₃=h(key)=(key+4) MOD m
```

說明如下：

① 利用第一種雜湊函數 h (key)=key MOD 13，所得的雜湊位址如下：

```
681 —> 5
467 —> 12
633 —> 9
511 —> 4
100 —> 9
164 —> 8
472 —> 4
438 —> 9
445 —> 3
366 —> 2
118 —> 1
```

② 其中 100，472，438 皆發生碰撞，再利用第二種雜湊函數 h(value+2)= (value+2) MOD 13，進行資料的位址安排：

```
100 —> h(100+2)=102 mod 13=11
472 —> h(472+2)=474 mod 13=6
438 —> h(438+2)=440 mod 13=11
```

③ 438 仍發生碰撞問題，故接著利用第三種雜湊函數 h（value+4）= （438+4）MOD 13，重新進行 438 位址的安排：

```
438 —>h(438+4)=442 mod 13=0
```

⇒ 經過三次重雜湊後，資料的位址安排如下：

位置	資料
0	438
1	118
2	366
3	445
4	511
5	681
6	472
7	NULL
8	164
9	633
10	NULL
11	100
12	467

7-3-4 鏈結串列

將雜湊表的所有空間建立 n 個串列，最初的預設值只有 n 個串列首。如果發生溢位就把相同位址之鍵值鏈結在串列首的後面，形成一個鏈結串列，直到所有的可用空間全部用完為止。如下圖所示：

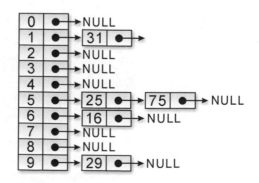

Python 的再雜湊（利用鏈結串列）演算法

```
def create_table(val):                    # 建立雜湊表副程式
    global indextable
    newnode=Node(val)
    myhash=val%7                           # 雜湊函數除以 7 取餘數
    current=indextable[myhash]
    if current.next==None:
        indextable[myhash].next=newnode
    else:
        while current.next!=None:
            current=current.next
    current.next=newnode                   # 將節點加在串列
```

範例 **ch07_02.py** ┃ 請設計一 **Python** 程式，利用鏈結串列來進行再雜湊的實作。

```
01   import random
02
03   INDEXBOX=7                            # 雜湊表元素個數
04   MAXNUM=13                             # 資料個數
05
06   class Node:                           # 宣告串列結構
07       def __init__(self,val):
08           self.val=val
09           self.next=None
10
11   global indextable
12
13   indextable=[Node]*INDEXBOX            # 宣告動態陣列
14
15   def create_table(val):               # 建立雜湊表副程式
16       global indextable
17       newnode=Node(val)
18       myhash=val%7                      # 雜湊函數除以 7 取餘數
19
20       current=indextable[myhash]
21
22       if current.next==None:
23           indextable[myhash].next=newnode
```

```
24        else:
25            while current.next!=None:
26                current=current.next
27        current.next=newnode           # 將節點加在串列
28
29  def print_data(val):                  # 列印雜湊表副程式
30      global indextable
31      pos=0
32      head=indextable[val].next         # 起始指標
33      print('   %2d：\t' %val,end='')    # 索引位址
34      while head!=None:
35          print('[%2d]-' %head.val,end='')
36          pos+=1
37          if pos % 8==7:
38              print('\t')
39          head=head.next
40      print()
41
42
43  # 主程式
44
45  data=[0]*MAXNUM
46  index=[0]*INDEXBOX
47
48
49  for i in range(INDEXBOX):             # 清除雜湊表
50      indextable[i]=Node(-1)
51
52  print('原始資料：')
53  for i in range(MAXNUM):
54      data[i]=random.randint(1,30)      # 亂數建立原始資料
55      print('[%2d] ' %data[i],end='')   # 並列印出來
56      if i%8==7:
57          print('\n')
58
59  print('\n雜湊表：')
60  for i in range(MAXNUM):
61      create_table(data[i])             # 建立雜湊表
62
63  for i in range(INDEXBOX):
64      print_data(i)                     # 列印雜湊表
65  print()
```

執行結果

```
原始資料：
[11] [17] [ 6] [ 3] [17] [15] [29] [28]

[18] [13] [15] [15] [ 5]
雜湊表：
    0： [28]-
    1： [15]-[29]-[15]-[15]-
    2：
    3： [17]-[ 3]-[17]-
    4： [11]-[18]-
    5： [ 5]-
    6： [ 6]-[13]-
```

範例　ch07_03.py ┃ 在範例 **ch07_02.py** 中直接把原始資料值存在雜湊表中，如果現在要搜尋一個資料，只需將它先經過雜湊函數的處理後，直接到對應的索引值串列中尋找，如果沒找到表示資料不存在。如此一來可大幅減少讀取資料及比對資料的次數，甚至可能一次的讀取比對就找到想找的資料。請設計一 **Python** 程式，加入搜尋的功能，並印出比對的次數。

```
01   import random
02
03   INDEXBOX=7                          # 雜湊表元素個數
04   MAXNUM=13                           # 資料個數
05
06   class Node:                         # 宣告串列結構
07       def __init__(self,val):
08           self.val=val
09           self.next=None
10
11   global indextable
12   indextable=[Node]*INDEXBOX          # 宣告動態陣列
13
14   def create_table(val):              # 建立雜湊表副程式
15       global indextable
16       newnode=Node(val)
17       myhash=val%7                    # 雜湊函數除以 7 取餘數
18
19       current=indextable[myhash]
```

```
20
21      if current.next==None:
22          indextable[myhash].next=newnode
23      else:
24          while current.next!=None:
25              current=current.next
26      current.next=newnode                    # 將節點加在串列
27
28  def print_data(val):                        # 列印雜湊表副程式
29      global indextable
30      pos=0
31      head=indextable[val].next               # 起始指標
32      print('    %2d：\t' %val,end='')        # 索引位址
33      while head!=None:
34          print('[%2d]-' %head.val,end='')
35          pos+=1
36          if pos % 8==7:
37              print('\t')
38          head=head.next
39      print()
40
41  def findnum(num):                           # 雜湊搜尋副程式
42      i=0
43      myhash =num%7
44      ptr=indextable[myhash].next
45      while ptr!=None:
46          i+=1
47          if ptr.val==num:
48              return i
49          else:
50              ptr=ptr.next
51      return 0
52
53
54
55  # 主程式
56
57  data=[0]*MAXNUM
58  index=[0]*INDEXBOX
59
60
61  for i in range(INDEXBOX):                    # 清除雜湊表
62      indextable[i]=Node(-1)
63
64  print('原始資料：')
65  for i in range(MAXNUM):
```

```
66        data[i]=random.randint(1,30)          # 亂數建立原始資料
67        print('[%2d] ' %data[i],end='')       # 並列印出來
68        if i%8==7:
69            print()
70
71   for i in range(MAXNUM):
72        create_table(data[i])                 # 建立雜湊表
73   print()
74
75   while True:
76        num=int(input('請輸入搜尋資料(1-30)，結束請輸入-1：'))
77        if num==-1:
78            break
79        i=findnum(num)
80        if i==0:
81            print('##### 沒有找到 %d #####' %num)
82        else:
83            print('找到 %d，共找了 %d 次!' %(num,i))
84
85
86   print('\n雜湊表：')
87   for i in range(INDEXBOX):
88        print_data(i)                         # 列印雜湊表
89   print()
```

🔄 執行結果

```
原始資料：
[17] [ 7] [ 3] [24] [19] [ 6] [26] [15]
[ 2] [26] [24] [ 2] [11]
請輸入搜尋資料(1-30)，結束請輸入-1：15
找到 15，共找了 1 次!
請輸入搜尋資料(1-30)，結束請輸入-1：23
#####沒有找到 23 #####
請輸入搜尋資料(1-30)，結束請輸入-1：-1

雜湊表：
   0：[ 7]-
   1：[15]-
   2：[ 2]-[ 2]-
   3：[17]-[ 3]-[24]-[24]-
   4：[11]-
   5：[19]-[26]-[26]-
   6：[ 6]-
```

1. 請問資訊安全（Information Security）的基本功能就是必須具備哪四種特性，請簡單說明。

2. 請簡述「加密」（encrypt）與「解密」（decrypt）。

3. 請說明「對稱性加密法」與「非對稱性加密法」間的差異性。

4. 請簡介 RSA（Rivest-Shamir-Adleman）演算法。

5. 試簡述數位簽章的內容。

6. 用雜湊法將下列 7 個數字存在 0、1...6 的 7 個位置：101、186、16、315、202、572、463。若欲存入 1000 開始的 11 個位置，又應該如何存放？

7. 何謂雜湊函數？試以除法及摺疊法（Folding Method），並以 7 位電話號碼當資料說明。

8. 試述 Hashing 與一般 Search 技巧有何不同？

9. 何謂完美雜湊？在何種情況下可使用之？

10. 採用何種雜湊函數可以使用下列的整數集合：{74,53,66,12,90,31,18,77,85,29} 存入陣列空間為 10 的 Hash Table 不會發生碰撞？

Algorithm

Chapter

8

徹底研究堆疊與
佇列演算法

　　堆疊結構在電腦中的應用相當廣泛，時常被用來解決電腦的問題，例如前面所談到的遞迴呼叫、副程式的呼叫，至於在日常生活中的應用也隨處可以看到，例如大樓電梯、貨架上的貨品等等，都是類似堆疊的資料結構原理。

電梯搭乘方式就是一種堆疊的應用

　　佇列在電腦領域的應用也相當廣泛，例如計算機的模擬（simulation）、CPU 的工作排程（Job Scheduling）、線上同時周邊作業系統的應用與圖形走訪的先廣後深搜尋法（BFS）。由於堆疊與佇列都是抽象資料型態，本章將為各位介紹相關的演算法。

　　堆疊在 Python 程式設計領域中，包含以下兩種設計方式，分別是陣列結構（在 Python 語言是以 List 資料型別模擬其它程式語言的陣列結構）與鏈結串列結構，分別介紹如下。

8-1　陣列實作堆疊輕鬆學

　　以陣列結構來製作堆疊的好處是製作與設計的演算法都相當簡單，但因為如果堆疊本身是變動的話，大小並無法事先規劃宣告，太大時浪費空間，太小則不夠使用。

　　Python 的相關演算法如下：

```
# 判斷是否為空堆疊
def isEmpty():
    iftop==-1:
```

```
            return True
        else:
            return False
```

```
# 將指定的資料存入堆疊
def push(data):
    global top
    global MAXSTACK
    global stack
    if top>=MAXSTACK-1:
        print(' 堆疊已滿，無法再加入 ')
    else:
        top +=1
        stack[top]=data  # 將資料存入堆疊
```

```
# 從堆疊取出資料 */
def pop():
    global top
    global stack
    if isEmpty():
        print(' 堆疊是空 ')
    else:
        print(' 彈出的元素為 : %d' % stack[top])
        top=top-1
```

範例 **ch08_01.py** ▌ **請利用陣列結構與迴圈來控制準備推入或取出的元素，並模擬堆疊的各種工作運算，此堆疊最多可容納 100 個元素，其中必須包括推入（push）與彈出（pop）函數，及最後輸出所有堆疊內的元素。**

```
01  MAXSTACK=100  # 定義最大堆疊容量
02  global stack
03  stack=[None]*MAXSTACK   # 堆疊的陣列宣告
04  top=-1  # 堆疊的頂端
05
06  # 判斷是否為空堆疊
07  def isEmpty():
```

```
08      if(top==-1):
09          return True
10      else:
11          return False
12
13  # 將指定的資料存入堆疊
14  def push(data):
15      global top
16      global MAXSTACK
17      global stack
18      if top>=MAXSTACK-1:
19          print(' 堆疊已滿，無法再加入 ')
20      else:
21          top +=1
22          stack[top]=data # 將資料存入堆疊
23
24  # 從堆疊取出資料 */
25  def pop():
26      global top
27      global stack
28      if isEmpty():
29          print(' 堆疊是空 ')
30      else:
31          print(' 彈出的元素為： %d' % stack[top])
32          top=top-1
33
34  # 主程式
35  i=2
36  count=0
37  while True:
38      i=int(input(' 要推入堆疊，請輸入 1, 彈出則輸入 0, 停止操作則輸入 -1： '))
39      if i==-1:
40          break
41      elifi==1:
42          value=int(input(' 請輸入元素值：'))
43          push(value)
44      elifi==0:
45          pop()
46
47  print('===========================')
48  if top <0:
49      print('\n 堆疊是空的 ')
50  else:
```

```
51      i=top
52      while i>=0:
53          print(' 堆疊彈出的順序為 :%d' %(stack[i]))
54          count +=1
55          i =i-1
56      print
57
58  print('=============================')
```

執行結果

```
要推入堆疊,請輸入1,彈出則輸入0,停止操作則輸入-1: 1
請輸入元素值:5
要推入堆疊,請輸入1,彈出則輸入0,停止操作則輸入-1: 1
請輸入元素值:6
要推入堆疊,請輸入1,彈出則輸入0,停止操作則輸入-1: 1
請輸入元素值:7
要推入堆疊,請輸入1,彈出則輸入0,停止操作則輸入-1: 0
彈出的元素為:  7
要推入堆疊,請輸入1,彈出則輸入0,停止操作則輸入-1: -1
=============================
堆疊彈出的順序為:6
堆疊彈出的順序為:5
=============================
```

8-2 鏈結串列實作堆疊

　　使用鏈結串列來製作堆疊的優點是隨時可以動態改變串列長度,能有效利用記憶體資源,不過缺點是設計時,演算法較為複雜。

　　Python 的相關演算法如下:

```
class Node:   # 堆疊鏈結節點的宣告
    def __init__(self):
        self.data=0   # 堆疊資料的宣告
        self.next=None   # 堆疊中用來指向下一個節點

top=None
```

```
def isEmpty():
    global top
    if(top==None):
        return 1
    else:
        return 0
```

```
# 將指定的資料存入堆疊
def push(data):
    global top
    new_add_node=Node()
    new_add_node.data=data# 將傳入的值指定為節點的內容
    new_add_node.next=top# 將新節點指向堆疊的頂端
    top=new_add_node# 新節點成為堆疊的頂端
```

```
# 從堆疊取出資料
def pop():
    global top
    if isEmpty():
        print('=== 目前為空堆疊 ===')
        return -1
    else:
        ptr=top# 指向堆疊的頂端
        top=top.next# 將堆疊頂端的指標指向下一個節點
        temp=ptr.data# 取出堆疊的資料
        return temp# 將從堆疊取出的資料回傳給主程式
```

範例 **ch08_02.py** ▌ 請利用鏈結串列來設計一 **Python** 程式，利用迴圈來控制準備推入或取出的元素，其中必須包括推入（**push**）與彈出（**pop**）函數，及最後輸出所有堆疊內的元素。

```
01  class Node:  # 堆疊鏈結節點的宣告
02      def __init__(self):
03          self.data=0  # 堆疊資料的宣告
04          self.next=None  # 堆疊中用來指向下一個節點
05
06  top=None
07
08  def isEmpty():
```

```
09      global top
10      if(top==None):
11          return 1
12      else:
13          return 0
14
15  # 將指定的資料存入堆疊
16  def push(data):
17      global top
18      new_add_node=Node()
19      new_add_node.data=data# 將傳入的值指定為節點的內容
20      new_add_node.next=top# 將新節點指向堆疊的頂端
21      top=new_add_node# 新節點成為堆疊的頂端
22
23
24  # 從堆疊取出資料
25  def pop():
26      global top
27      if isEmpty():
28          print('=== 目前為空堆疊 ===')
29          return -1
30      else:
31          ptr=top# 指向堆疊的頂端
32          top=top.next# 將堆疊頂端的指標指向下一個節點
33          temp=ptr.data# 取出堆疊的資料
34          return temp# 將從堆疊取出的資料回傳給主程式
35
36  # 主程式
37  while True:
38      i=int(input(' 要推入堆疊 , 請輸入 1, 彈出則輸入 0, 停止操作則輸入 -1: '))
39      if i==-1:
40          break
41      elifi==1:
42          value=int(input(' 請輸入元素值 :'))
43          push(value)
44      elifi==0:
45          print(' 彈出的元素為 %d' %pop())
46
47  print('===========================')
48  while(not isEmpty()): # 將資料陸續從頂端彈出
49      print(' 堆疊彈出的順序為 :%d' %pop())
50  print('===========================')
```

↻ 執行結果

```
要推入堆疊,請輸入1,彈出則輸入0,停止操作則輸入-1: 1
請輸入元素值:8
要推入堆疊,請輸入1,彈出則輸入0,停止操作則輸入-1: 1
請輸入元素值:6
要推入堆疊,請輸入1,彈出則輸入0,停止操作則輸入-1: 1
請輸入元素值:7
要推入堆疊,請輸入1,彈出則輸入0,停止操作則輸入-1: 0
彈出的元素為7
要推入堆疊,請輸入1,彈出則輸入0,停止操作則輸入-1: -1
========================
堆疊彈出的順序為:6
堆疊彈出的順序為:8
========================
```

8-3 河內塔演算法

法國數學家 Lucas 在 1883 年介紹了一個十分經典的河內塔（Tower of Hanoil）智力遊戲，是典型使用遞迴式與堆疊觀念來解決問題的範例，內容是說在古印度神廟，廟中有三根木樁，天神希望和尚們把某些數量大小不同的圓盤，由第一個木樁全部移動到第三個木樁。

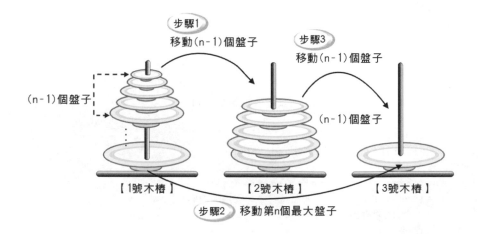

　　更精確來說，河內塔問題可以這樣形容：假設有 A、B、C 三個木樁和 n 個大小均不相同的套環（Disc），由小到大編號為 1,2,3...n，編號越大直徑越大。開始的時候，n 個套環境套在 A 木樁上，現在希望能找到將 A 木樁上的套環藉著 B 木樁當中間橋樑，全部移到 C 木樁上最少次數的方法。不過在搬動時還必須遵守下列規則：

① 直徑較小的套環永遠置於直徑較大的套環上。

② 套環可任意地由任何一個木樁移到其他的木樁上。

③ 每一次僅能移動一個套環，而且只能從最上面的套環開始移動。

　　現在我們考慮 n=1~3 的狀況，以圖示方式示範處理河內塔問題的步驟：

❖ n=1 個套環

（當然是直接把盤子從 1 號木樁移動到 3 號木樁。）

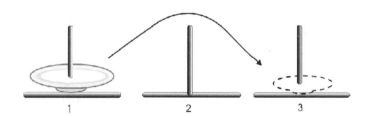

❖ n=2 個套環

❶ 將套環從 1 號木樁移動到 2 號木樁。

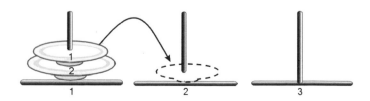

❷ 將套環從 1 號木樁移動到 3 號木樁。

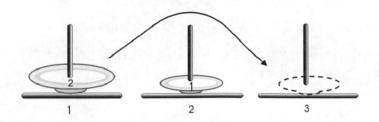

❸ 將套環從 2 號木樁移動到 3 號木樁,就完成了。

❹ 完成。

結論:移動了 $2^2-1=3$ 次,盤子移動的次序為 1,2,1(此處為盤子次序)。

步驟為:1→2,1→3,2→3(此處為木樁次序)

📡 n=3 個套環

❶ 將套環從 1 號木樁移動到 3 號木樁。

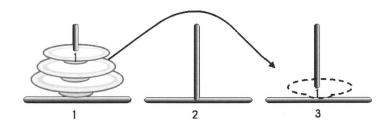

❷ 將套環從 1 號木樁移動到 2 號木樁。

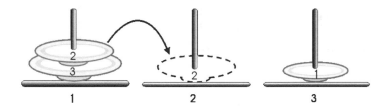

❸ 將套環從 3 號木樁移動到 2 號木樁。

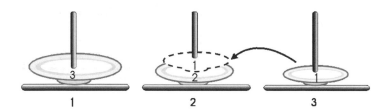

❹ 將套環從 1 號木樁移動到 3 號木樁。

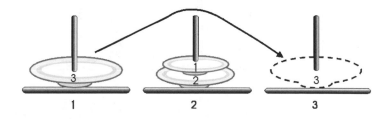

❺ 將套環從 2 號木樁移動到 1 號木樁。

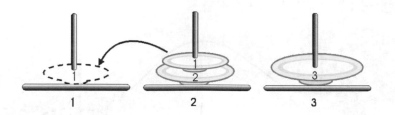

❻ 將套環從 2 號木樁移動到 3 號木樁。

❼ 將套環從 1 號木樁移動到 3 號木樁,就完成了。

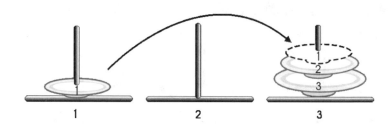

❽ 完成。

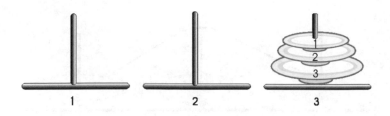

結論：移動了 $2^3-1=7$ 次，盤子移動的次序為 1,2,1,3,1,2,1（盤子次序）。

步驟為 1→3，1→2，3→2，1→3，2→1，2→3，1→3（木樁次序）

當有 4 個盤子時，我們實際操作後（在此不作圖說明），盤子移動的次序為 121312141213121，而移動木樁的順序為 1→2，1→3，2→3，1→2，3→1，3→2，1→2，1→3，2→3，2→1，3→1，2→3，1→2，1→3，2→3，而移動次數為 $2^4-1=15$。

當 n 不大時，各位可以逐步用圖示解決，但 n 的值較大時，那可就十分傷腦筋了。事實上，我們可以得到一個結論，例如當有 n 個盤子時，可將河內塔問題歸納成三個步驟：

STEP 1 將 n-1 個盤子，從木樁 1 移動到木樁 2。

STEP 2 將第 n 個最大盤子，從木樁 1 移動到木樁 3。

STEP 3 將 n-1 個盤子，從木樁 2 移動到木樁 3。

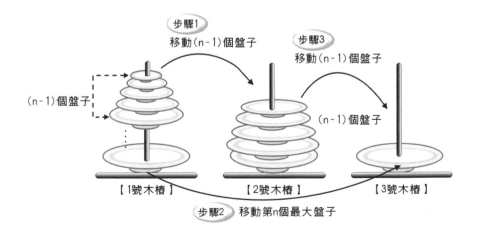

由上圖中，各位應該發現河內塔問題是非常適合以遞迴式與堆疊來解決。因為它滿足了遞迴的兩大特性①有反覆執行的過程②有停止的出口。以下則以遞迴式來表示河內塔遞迴函數演算法：

```
def hanoi(n, p1, p2, p3):
    if n==1: # 遞迴出口
        print('套環從 %d 移到 %d' %(p1, p3))
    else:
        hanoi(n-1, p1, p3, p2)
        print('套環從 %d 移到 %d' %(p1, p3))
        hanoi(n-1, p2, p1, p3)
```

範例 **ch08_03.py** ▌ 請設計一程式，以遞迴式來實作河內塔演算法的求解。

```
01  def hanoi(n, p1, p2, p3):
02      if n==1: # 遞迴出口
03          print('套環從 %d 移到 %d' %(p1, p3))
04      else:
05          hanoi(n-1, p1, p3, p2)
06          print('套環從 %d 移到 %d' %(p1, p3))
07          hanoi(n-1, p2, p1, p3)
08
09  j=int(input('請輸入所移動套環數量：'))
10  hanoi(j,1, 2, 3)
```

↻ 執行結果

```
請輸入所移動套環數量：4
套環從 1 移到 2
套環從 1 移到 3
套環從 2 移到 3
套環從 1 移到 2
套環從 3 移到 1
套環從 3 移到 2
套環從 1 移到 2
套環從 1 移到 3
套環從 2 移到 3
套環從 2 移到 1
套環從 3 移到 1
套環從 2 移到 3
套環從 1 移到 2
套環從 1 移到 3
套環從 2 移到 3
```

8-4　八皇后演算法

　　八皇后問題也是一種常見的堆疊應用實例。在西洋棋中的皇后可以在沒有限定一步走幾格的前提下，對棋盤中的其他棋子直吃、橫吃及對角斜吃（左斜吃或右斜吃皆可），只要後放入的新皇后，在放入前必須考慮所放位置直線方向、橫線方向或對角線方向是否已被放置舊皇后，否則就會被先放入的舊皇后吃掉。

　　利用這種觀念，我們可以將其應用在 4*4 的棋盤，就稱為 4-皇后問題；應用在 8*8 的棋盤，就稱為 8-皇后問題。應用在 N*N 的棋盤，就稱為 N-皇后問題。要解決 N-皇后問題（在此我們以 8-皇后為例），首先當於棋盤中置入一個新皇后，且這個位置不會被先前放置的皇后吃掉，則將此新皇后的位置存入堆疊。

　　但若欲放置新皇后的該行（或該列）的 8 個位置，都沒有辦法放置新皇后（亦即一放入任何一個位置，就會被先前放置的舊皇后給吃掉）。此時，就必須由堆疊中取出前一個皇后的位置，並於該行（或該列）中重新尋找另一個新的位置放置，再將該位置存入堆疊中，而這種方式就是一種回溯（Backtracking）演算法的應用概念。

　　N-皇后問題的解答，就是配合堆疊及回溯兩種演算法概念，以逐行（或逐列）找新皇后位置（如果找不到，則回溯到前一行找尋前一個皇后另一個新的位置，以此類推）的方式，來尋找 N-皇后問題的其中一組解答。

　　以下分別是 4-皇后及 8-皇后在堆疊存放的內容及對應棋盤的其中一組解。

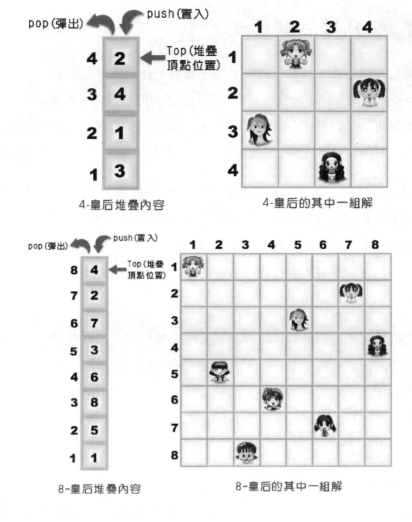

4-皇后堆疊內容　　　　4-皇后的其中一組解

8-皇后堆疊內容　　　　8-皇后的其中一組解

範例 **ch08_04.py** 請設計一 Python 程式，來求取八皇后問題的解決方法。

```
01  global queen
02  global number
03  EIGHT=8  # 定義最大堆疊容量
04  queen=[None]*8  # 存放 8 個皇后之列位置
05
06  number=0# 計算總共有幾組解的總數
07  # 決定皇后存放的位置
08  # 輸出所需要的結果
```

```
09  def print_table():
10      global number
11      x=y=0
12      number+=1
13      print('')
14      print(' 八皇后問題的第 %d 組解 \t' %number)
15      for x in range(EIGHT):
16          for y in range(EIGHT):
17              if x==queen[y]:
18                  print('<q>',end='')
19              else:
20                  print('<->',end='')
21          print('\t')
22      input('\n.. 按下任意鍵繼續 ..\n')
23
24  # 測試在 (row,col) 上的皇后是否遭受攻擊
25  # 若遭受攻擊則傳回值為 1, 否則傳回 0
26  def attack(row,col):
27      global queen
28      i=0
29      atk=0
30      offset_row=offset_col=0
31      while (atk!=1)and i<col:
32          offset_col=abs(i-col)
33          offset_row=abs(queen[i]-row)
34          # 判斷兩皇后是否在同一列在同一對角線上
35          if queen[i]==row or offset_row==offset_col:
36              atk=1
37          i=i+1
38      return atk
39
40  def decide_position(value):
41      global queen
42      i=0
43      while i<EIGHT:
44          if attack(i,value)!=1:
45              queen[value]=i
46              if value==7:
47                  print_table()
48              else:
49                  decide_position(value+1)
50          i=i+1
51
52  # 主程式
53  decide_position(0)
```

🔄 執行結果

```
八皇后問題的第1組解
<q><-><-><-><-><-><-><->
<-><-><-><-><-><-><q><->
<-><-><-><-><q><-><-><->
<-><-><-><-><-><-><-><q>
<-><q><-><-><-><-><-><->
<-><-><-><q><-><-><-><->
<-><-><-><-><-><q><-><->
<-><-><q><-><-><-><-><->

..按下任意鍵繼續..

八皇后問題的第2組解
<q><-><-><-><-><-><-><->
<-><-><-><-><-><-><q><->
<-><-><-><q><-><-><-><->
<-><-><-><-><-><q><-><->
<-><-><-><-><-><-><-><q>
<-><q><-><-><-><-><-><->
<-><-><-><-><q><-><-><->
<-><-><q><-><-><-><-><->

..按下任意鍵繼續..
```

<table>
<tr><td>8-5</td><td>陣列實作佇列</td></tr>
</table>

以陣列結構（在 Python 是以 List 串列來實作陣列資料結構）來製作佇列的好處是演算法相當簡單，不過與堆疊不同之處是需要擁有兩種基本動作加入與刪除，而且使用 front 與 rear 兩個註標來分別指向佇列的前端與尾端，缺點是陣列大小並無法事先規劃宣告。首先我們需要宣告一個有限容量的陣列，並以下列圖示說明：

```
MAXSIZE=4
queue=[0]*MAXSIZE    # 佇列大小為 4
front=-1
rear=-1
```

❶ 當開始時，我們將 front 與 rear 都預設為 -1，當 front=rear 時，則為空佇列。

事件說明	front	rear	Q(0)	Q(1)	Q(2)	Q(3)
空佇列 Q	-1	-1				

❷ 加入 dataA，front=-1，rear=0，每加入一個元素，將 rear 值加 1。

加入 dataA	-1	0	dataA			

❸ 加入 dataB、dataC，front=-1，rear=2。

加入 dataB、C	-1	1	dataA	dataB	dataC	

❹ 取出 dataA，front=0，rear=2，每取出一個元素，將 front 值加 1。

取出 dataA	0	2		dataB	dataC	

❺ 加入 dataD，front=0，rear=3，此時當 rear=MAXSIZE-1，表示佇列已滿。

加入 dataD	0	3		dataB	dataC	dataD

❻ 取出 dataB，front=1，rear=3。

取出 dataB	1	3			dataC	dataD

　　從以上實作的過程，我們可以將相關以陣列操作佇列的 Python 的相關演算法如下：

```
MAX_SIZE=100              # 佇列的最大容量
queue=[0]*MAX_SIZE
front=-1
rear=-1                   # 空佇列時，front=-1，rear=-1
```

```
def enqueue(item):       # 將新資料加入 queue 的尾端，傳回新佇列
    global rear
    global MAX_SIZE
    global queue
    if rear==MAX_SIZE-1:
        print('佇列已滿！')
    else:
        rear+=1
        queue[rear]=item # 加新資料到佇列的尾端
```

```
def dequeue(item):       # 刪除佇列前端資料，傳回新佇列
    global rear
    global MAX_SIZE
    global front
    global queue
    if front==rear:
        print('佇列已空！')
    else:
        front+=1
        item=queue[front] # 刪除佇列前端資料
```

```
def FRONT_VALUE(queue):  # 傳回佇列前端的值
    global rear
    global front
    global queue
    if front==rear:
        print('這是空佇列')
    else:
        print(queue[front]) # 傳回佇列前端的值
```

範例　**ch08_05.py** ┃ 請設計一 Python 程式，來實作佇列的工作運算，加入
資料時請輸入 **"a"**，要取出資料時可輸入 **"d"**，將會直接印出佇列前端
的值，要結束請按 **"e"**。

```
01  import sys
02
03  MAX=10              # 定義佇列的大小
04  queue=[0]*MAX
05  front=rear=-1
06  choice=''
07  while rear<MAX-1 and choice !='e':
08      choice=input('[a] 表示存入一個數值 [d] 表示取出一個數值 [e] 表示跳出此程式：')
09      if choice=='a':
10          val=int(input('[ 請輸入數值 ]: '))
11          rear+=1
12          queue[rear]=val
13      elif choice=='d':
14          if rear>front:
15              front+=1
16              print('[ 取出數值為 ]: [%d]' %(queue[front]))
17              queue[front]=0
18          else:
19              print('[ 佇列已經空了 ]')
20              sys.exit(0)
21      else:
22          print()
23
24  print('-----------------------------------------')
25  print('[ 輸出佇列中的所有元素 ]:')
26
27  if rear==MAX-1:
28      print('[ 佇列已滿 ]')
29  elif front>=rear:
30      print(' 沒有 ')
31      print('[ 佇列已空 ]')
32  else:
33      while rear>front:
34          front+=1
35          print('[%d] ' %queue[front],end='')
36      print()
37      print('-----------------------------------------')
38  print()
```

執行結果

```
[a]表示存入一個數值[d]表示取出一個數值[e]表示跳出此程式: a
[請輸入數值]: 12
[a]表示存入一個數值[d]表示取出一個數值[e]表示跳出此程式: a
[請輸入數值]: 8
[a]表示存入一個數值[d]表示取出一個數值[e]表示跳出此程式: a
[請輸入數值]: 10
[a]表示存入一個數值[d]表示取出一個數值[e]表示跳出此程式: e

-------------------------------------------
[輸出佇列中的所有元素]:
[12]  [8]  [10]
-------------------------------------------
```

8-6　鏈結串列實作佇列

佇列除了能以陣列的方式來實作外，我們也可以鏈結串列來實作佇列。在宣告佇列類別中，除了和佇列類別中相關的方法外，還必須有指向佇列前端及佇列尾端的指標，即 front 及 rear。例如我們以學生姓名及成績的結構資料來建立佇列串列的節點，及 front 與 rear 指標宣告如下：

```python
class student:
    def __init__(self):
        self.name=' '*20
        self.score=0
        self.next=None

front=student()
rear=student()
front=None
rear=None
```

至於在佇列串列中加入新節點，等於加入此串列的最後端，而刪除節點就是將此串列最前端的節點刪除。Python 的加入與刪除運算法如下：

```
def enqueue(name, score):      # 置入佇列資料
    global front
    global rear
    new_data=student()         # 配置記憶體給新元素
    new_data.name=name         # 設定新元素的資料
    new_data.score = score
    if rear==None:             # 如果 rear 為 None，表示這是第一個元素
        front = new_data
    else:
        rear.next = new_data   # 將新元素連接至佇列尾端

rear = new_data                # 將 rear 指向新元素，這是新的佇列尾端
new_data.next = None           # 新元素之後無其它元素
```

```
def dequeue(): # 取出佇列資料
    global front
    global rear
    if front == None:
        print('佇列已空！')
    else:
        print('姓名：%s\t 成績：%d .... 取出 ' %(front.name, front.score))
        front = front.next     # 將佇列前端移至下一個元素
```

範例 **ch08_06.py** ▎請利用串列結構來設計一 **Python** 程式，串列中元素
節點仍為學生姓名及成績的結構資料。本程式還能進行佇列資料的存
入、取出與走訪動作：

```
class student:
    def __init__(self):
        self.name=' '*20
        self.score=0
        self.next=None
```

```
01  class student:
02      def __init__(self):
03          self.name=' '*20
04          self.score=0
05          self.next=None
```

```
06
07  front=student()
08  rear=student()
09  front=None
10  rear=None
11
12  def enqueue(name, score):        # 置入佇列資料
13      global front
14      global rear
15      new_data=student()           # 配置記憶體給新元素
16      new_data.name=name           # 設定新元素的資料
17      new_data.score = score
18      if rear==None:               # 如果 rear 為 None，表示這是第一個元素
19          front = new_data
20      else:
21          rear.next = new_data     # 將新元素連接至佇列尾端
22
23      rear = new_data              # 將 rear 指向新元素，這是新的佇列尾端
24      new_data.next = None         # 新元素之後無其它元素
25
26  def dequeue():                   # 取出佇列資料
27      global front
28      global rear
29      if front == None:
30          print('佇列已空！')
31      else:
32          print('姓名：%s\t 成績：%d .... 取出 ' %(front.name, front.score))
33          front = front.next       # 將佇列前端移至下一個元素
34
35  def show():                      # 顯示佇列資料
36      global front
37      global rear
38      ptr = front
39      if ptr == None:
40          print('佇列已空！')
41      else:
42          while ptr !=None:        # 由 front 往 rear 走訪佇列
43              print('姓名：%s\t 成績：%d' %(ptr.name, ptr.score))
44              ptr = ptr.next
45
46  select=0
47  while True:
```

```
48      select=int(input('(1) 存入 (2) 取出 (3) 顯示 (4) 離開 => '))
49      if select==4:
50          break
51      if select==1:
52          name=input(' 姓名: ')
53          score=int(input(' 成績: '))
54          enqueue(name, score)
55      elif select==2:
56          dequeue()
57      else:
58          show()
```

◎ 執行結果

```
(1)存入 (2)取出 (3)顯示 (4)離開 => 1
姓名: Daniel
成績: 98
(1)存入 (2)取出 (3)顯示 (4)離開 => 1
姓名: Julia
成績: 92
(1)存入 (2)取出 (3)顯示 (4)離開 => 3
姓名: Daniel      成績: 98
姓名: Julia       成績: 92
(1)存入 (2)取出 (3)顯示 (4)離開 => 4
```

8-7 雙向佇列

所謂雙向佇列（Double Ended Queues,Deque）為一有序串列，加入與刪除可在佇列的任意一端進行，請看下圖：

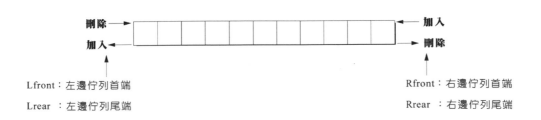

具體來說，雙向佇列就是允許兩端中的任意一端都具備有刪除或加入功能，而且無論左右兩端的佇列，首端與尾端指標都是朝佇列中央來移動。通常在一般的應用上，雙向佇列的應用可以區分為兩種：第一種是資料只能從一端加入，但可從兩端取出，另一種則是可由兩端加入，但由一端取出。以下我們將討論第一種輸入限制的雙向佇列，Python 的節點宣告、加入與刪除運算法如下：

```python
class Node:
    def __init__(self):
        self.data=0
        self.next=None

front=Node()
rear=Node()
front=None
rear=None
```

```python
# 方法 enqueue: 佇列資料的存入
def enqueue(value):
    global front
    global rear
    node=Node()    # 建立節點
    node.data=value
    node.next=None
    # 檢查是否為空佇列
    if rear==None:
        front=node # 新建立的節點成為第 1 個節點
    else:
        rear.next=node# 將節點加入到佇列的尾端
    rear=node# 將佇列的尾端指標指向新加入的節點
```

```python
# 方法 dequeue: 佇列資料的取出
def dequeue(action):
    global front
    global rear
    # 從前端取出資料
    if not(front==None) and action==1:
        if front==rear:
            rear=None
```

```
      value=front.data# 將佇列資料從前端取出
      front=front.next# 將佇列的前端指標指向下一個
      return value
# 從尾端取出資料
elif not(rear==None) and action==2:
      startNode=front# 先記下前端的指標值
      value=rear.data# 取出目前尾端的資料
      # 找尋最尾端節點的前一個節點
      tempNode=front
      while front.next!=rear and front.next!=None:
          front=front.next
          tempNode=front
      front=startNode# 記錄從尾端取出資料後的佇列前端指標
      rear=tempNode# 記錄從尾端取出資料後的佇列尾端指標
      # 下一行程式是指當佇列中僅剩下最節點時，
      # 取出資料後便將 front 及 rear 指向 None
      if front.next==None or rear.next==None:
          front=None
          rear=None
      return value
else:
      return -1
```

範例 **ch08_07.py** ▏ **請利用鏈結串列結構來設計一輸入限制的雙向佇列 Python 程式，我們只能從一端加入資料，但取出資料時，將分別由前後端取出。**

```
01  class Node:
02      def __init__(self):
03          self.data=0
04          self.next=None
05
06  front=Node()
07  rear=Node()
08  front=None
09  rear=None
10
11  # 方法 enqueue: 佇列資料的存入
12  def enqueue(value):
13      global front
```

```
14      global rear
15      node=Node()   # 建立節點
16      node.data=value
17      node.next=None
18      # 檢查是否為空佇列
19      if rear==None:
20          front=node # 新建立的節點成為第 1 個節點
21      else:
22          rear.next=node# 將節點加入到佇列的尾端
23      rear=node# 將佇列的尾端指標指向新加入的節點
24
25  # 方法 dequeue: 佇列資料的取出
26  def dequeue(action):
27      global front
28      global rear
29      # 從前端取出資料
30      if not(front==None) and action==1:
31          if front==rear:
32              rear=None
33          value=front.data# 將佇列資料從前端取出
34          front=front.next# 將佇列的前端指標指向下一個
35          return value
36      # 從尾端取出資料
37      elif not(rear==None) and action==2:
38          startNode=front# 先記下前端的指標值
39          value=rear.data# 取出目前尾端的資料
40          # 找尋最尾端節點的前一個節點
41          tempNode=front
42          while front.next!=rear and front.next!=None:
43              front=front.next
44              tempNode=front
45          front=startNode# 記錄從尾端取出資料後的佇列前端指標
46          rear=tempNode# 記錄從尾端取出資料後的佇列尾端指標
47          # 下一行程式是指當佇列中僅剩下最節點時，
48          # 取出資料後便將 front 及 rear 指向 None
49          if front.next==None or rear.next==None:
50              front=None
51              rear=None
52          return value
53      else:
54          return -1
55
```

```
56  print('以鏈結串列來實作雙向佇列')
57  print('==================================')
58
59  ch='a'
60  while True:
61      ch=input('加入請按 a,取出請按 d,結束請按 e:')
62      if ch =='e':
63          break
64      elifch=='a':
65          item=int(input('加入的元素值:'))
66          enqueue(item)
67      elifch=='d':
68          temp=dequeue(1)
69          print('從雙向佇列前端依序取出的元素資料值為:%d' %temp)
70          temp=dequeue(2)
71          print('從雙向佇列尾端依序取出的元素資料值為:%d' %temp)
72      else:
73          break
```

⟳ 執行結果

```
以鏈結串列來實作雙向佇列
==================================
加入請按 a,取出請按 d,結束請按 e:a
加入的元素值:98
加入請按 a,取出請按 d,結束請按 e:a
加入的元素值:86
加入請按 a,取出請按 d,結束請按 e:d
從雙向佇列前端依序取出的元素資料值為:98
從雙向佇列尾端依序取出的元素資料值為:86
加入請按 a,取出請按 d,結束請按 e:e
```

8-8 優先佇列

　　優先佇列（Priority Queue）為一種不必遵守佇列特性－FIFO（先進先出）的有序串列，其中的每一個元素都賦予一個優先權（Priority），加入元素時可任意加入，但有最高優先權者（Highest Priority Out First, HPOF）則最先輸出。

我們知道一般醫院中的急診室，當然以最嚴重的病患（如得 COVID-19 的病人）優先診治，跟進入醫院掛號的順序無關，又如在電腦中 CPU 的工作排程，優先權排程（Priority Scheduling, PS）就是一種來挑選行程的「排程演算法」（Scheduling Algorithm），也會使用到優先佇列，好比層級高的使用者，就比一般使用者擁有較高的權利。

例如假設有 4 個行程 P1,P2,P3,P4，其在很短的時間內先後到達等待佇列，每個行程所執行時間如下表所示：

行程名稱	各行程所需的執行時間
P1	30
P2	40
P3	20
P4	10

在此設定每個 P1、P2、P3、P4 的優先次序值分別為 2,8,6,4（此處假設數值越小其優先權越低；數值越大其優先權越高），以下就是以甘特圖（Gantt Chart）繪出優先權排程（Priority Scheduling, PS）的排班情況：

以 PS 方法排班所繪出的甘特圖如下：

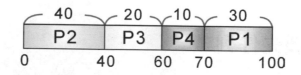

在此特別提醒各位，當各元素以輸入先後次序為優先權時，就是一般的佇列，假如是以輸入先後次序做為最不優先權時，此優先佇列即為一堆疊。

想一想，怎麼做？

1. 請舉出至少三種常見的堆疊應用。

2. 解釋下列名詞：

   (1) 堆疊（Stack）

   (2) TOP(PUSH(i,s)) 之結果為何？

   (3) POP(PUSH(i,s)) 之結果為何？

3. 請問河內塔問題中，移動 n 個盤子所需的最小移動次數？試說明之。

4. 何謂優先佇列？請說明之。

5. 回答以下問題：

   (1) 下列何者不是佇列（Queue）觀念的應用？

   　　(A) 作業系統的工作排程　　(B) 輸出入的工作緩衝

   　　(C) 河內塔的解決方法　　　(D) 中山高速公路的收費站收費

   (2) 下列哪一種資料結構是線性串列？

   　　(A) 堆疊 (B) 佇列 (C) 雙向佇列 (D) 陣列 (E) 樹

6. 假設我們利用雙向佇列（deque）循序輸入 1,2,3,4,5,6,7，試問是否能夠得到 5174236 的輸出排列？

7. 請說明佇列應具備的基本特性。

8. 請舉出至少三種佇列常見的應用。

MEMO

Algorithm

Chapter

9

超圖解的
樹狀演算法

樹狀結構是一種日常生活中應用相當廣泛的非線性結構，樹狀演算法在程式中的建立與應用大多使用鏈結串列來處理，因為鏈結串列的指標用來處理樹是相當方便，只需改變指標即可。此外，當然也可以使用陣列這樣的連續記憶體來表示二元樹，至於使用陣列或鏈結串列都各有利弊，本章將介紹常見的相關演算法。

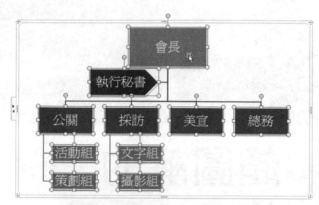

🔴 社團的組織圖也是樹狀結構的應用

由於二元樹的應用相當廣泛，所以衍生了許多特殊的二元樹結構。我們首先為您介紹如下：

🔅 完滿二元樹（Fully Binary Tree）

如果二元樹的高度為 h，樹的節點數為 2^h-1，h>=0，則我們稱此樹為「完滿二元樹」（Full Binary Tree），如下圖所示：

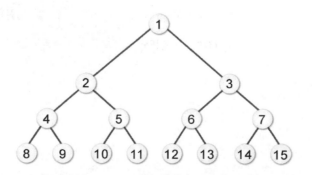

❀ 完整二元樹（Complete Binary Tree）

如果二元樹的深度為 h，所含的節點數小於 2^h-1，但其節點的編號方式如同深度為 h 的完滿二元樹一般，從左到右，由上到下的順序一一對應結合。如下圖：

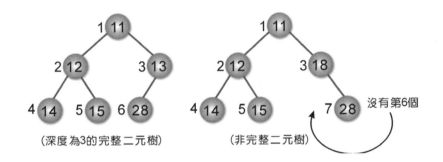

（深度為3的完整二元樹）　（非完整二元樹）

對於完整二元樹而言，假設有 N 個節點，那麼此二元樹的階層（Level）h 為 $\lfloor \log_2 (N+1) \rfloor$。

❀ 歪斜樹（Skewed Binary Tree）

當一個二元樹完全沒有右節點或左節點時，我們就把它稱為左歪斜樹或右歪斜樹。

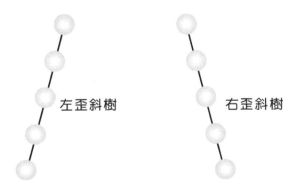

左歪斜樹　　　　右歪斜樹

嚴格二元樹（Strictly Binary Tree）

如果二元樹的每個非終端節點均有非空的左右子樹，如下圖所示：

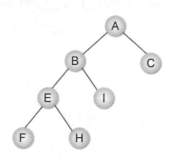

9-1 陣列實作二元樹

如果使用循序的一維陣列來表示二元樹，首先可將此二元樹假想成一個完滿二元樹（Full Binary Tree），而且第 k 個階度具有 2^{k-1} 個節點，並且依序存放在此一維陣列中。首先來看看使用一維陣列建立二元樹的表示方法及索引值的配置：

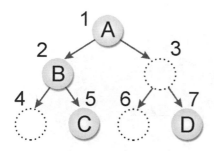

索引值	1	2	3	4	5	6	7
內容值	A	B			C		D

從上圖中，我們可以看到此一維陣列中的索引值有以下關係：

① 左子樹索引值是父節點索引值 *2。

② 右子樹索引值是父節點索引值 *2+1。

接著就來看如何以一維陣列建立二元樹的實例，事實上就是建立一個二元搜尋樹，這是一種很好的排序應用模式，因為在建立二元樹的同時，資料已經經過初步的比較判斷，並依照二元樹的建立規則來存放資料。所謂二元搜尋樹具有以下特點：

① 可以是空集合，但若不是空集合則節點上一定要有一個鍵值。

② 每一個樹根的值需大於左子樹的值。

③ 每一個樹根的值需小於右子樹的值。

④ 左右子樹也是二元搜尋樹。

⑤ 樹的每個節點值都不相同。

現在我們示範將一組資料 32、25、16、35、27，建立一棵二元搜尋樹：

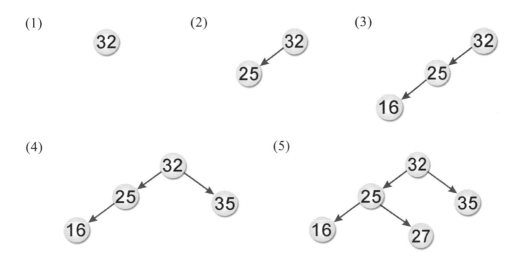

範例　**ch09_01.py** ┃ 請設計一 Python 程式，依序輸入一棵二元樹節點的資料，分別是 0、6、3、5、4、7、8、9、2，並建立一棵二元搜尋樹，最後輸出此二元樹的一維陣列。

```
01  def Btree_create(btree,data,length):
02      for i in range(1,length):
03          level=1
04          while btree[level]!=0:
05              if data[i]>btree[level]: # 如果陣列內的值大於樹根，則往右子樹比較
06                  level=level*2+1
07              else:    # 如果陣列內的值小於或等於樹根，則往左子樹比較
08                  level=level*2
09  btree[level]=data[i]  # 把陣列值放入二元樹
10
11  length=9
12  data=[0,6,3,5,4,7,8,9,2]# 原始陣列
13  btree=[0]*16   # 存放二元樹陣列
14  print(' 原始陣列內容：')
15  for i in range(length):
16      print('[%2d] ' %data[i],end='')
17  print('')
18  Btree_create(btree,data,9)
19  print(' 二元樹內容：')
20  for i in range(1,16):
21      print('[%2d] ' %btree[i],end='')
22  print()
```

🔄 **執行結果**

```
原始陣列內容：
[ 0] [ 6] [ 3] [ 5] [ 4] [ 7] [ 8] [ 9] [ 2]
二元樹內容：
[ 6] [ 3] [ 7] [ 2] [ 5] [ 0] [ 8] [ 0] [ 0] [ 4] [ 0] [ 0] [ 0] [ 0] [ 9]
```

下圖是此陣列值在二元樹中的存放情形：

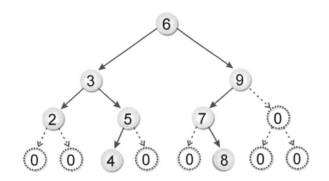

9-2　鏈結串列實作二元樹

所謂鏈結串列實作二元樹，就是利用鏈結串列來儲存二元樹。基本上，使用串列來表示二元樹的好處是對於節點的增加與刪除相當容易，缺點是很難找到父節點，除非在每一節點多增加一個父欄位。以上述宣告而言，此節點所存放的資料型態為整數。如果使用 Python，可寫成如下的宣告：

```python
class tree:
    def __init__(self):
        self.data=0
        self.left=None
        self.right=None
```

例如下圖所示：

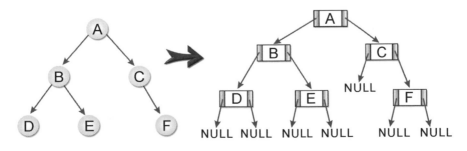

以串列方式建立二元樹的 Python 演算法如下：

```
def create_tree(root,val):      # 建立二元樹函數
newnode=tree()
newnode.data=val
newnode.left=None
newnode.right=None
    if root==None:
        root=newnode
        return root
    else:
        current=root
        while current!=None:
            backup=current
            if current.data>val:
                current=current.left
            else:
                current=current.right
        if backup.data>val:
            backup.left=newnode
        else:
            backup.right=newnode
    return root
```

範例 ch09_02.py ｜ 請設計一 Python 程式，依序輸入一棵二元樹節點的資料，分別是 **5,6,24,8,12,3,17,1,9**，利用鏈結串列來建立二元樹，最後並輸出其左子樹與右子樹。

```
01  class tree:
02      def __init__(self):
03          self.data=0
04          self.left=None
05          self.right=None
06
07  def create_tree(root,val):      # 建立二元樹函數
08      newnode=tree()
09      newnode.data=val
10      newnode.left=None
11      newnode.right=None
12      if root==None:
```

```
13            root=newnode
14            return root
15        else:
16            current=root
17            while current!=None:
18                backup=current
19                if current.data>val:
20                    current=current.left
21                else:
22                    current=current.right
23            if backup.data>val:
24                backup.left=newnode
25            else:
26                backup.right=newnode
27        return root
28
29 data=[5,6,24,8,12,3,17,1,9]
30 ptr=None
31 root=None
32 for i in range(9):
33     ptr=create_tree(ptr,data[i]) # 建立二元樹
34 print(' 左子樹 :')
35 root=ptr.left
36 while root!=None:
37     print('%d' %root.data)
38     root=root.left
39 print('------------------------------')
40 print(' 右子樹 :')
41 root=ptr.right
42 while root!=None:
43     print('%d' %root.data)
44     root=root.right
45 print()
```

❖ 執行結果

```
左子樹:
3
1
---------------------------------
右子樹:
6
24
```

9-3 二元樹走訪的入門捷徑

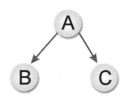

我們知道線性陣列或串列，都只能單向從頭至尾或反向走訪。所謂二元樹的走訪（Binary Tree Traversal），最簡單的說法就是「拜訪樹中所有的節點各一次」，並且在走訪後，將樹中的資料轉化為線性關係。就以下圖一個簡單的二元樹節點而言，每個節點都可區分為左右兩個分支。

所以共可以有 ABC、ACB、BAC、BCA、CAB、CBA 等 6 種走訪方法。如果是依照二元樹特性，一律由左向右，那會只剩下三種走訪方式，分別是 BAC、ABC、BCA 三種。我們通常把這三種方式的命名與規則如下：

① 中序走訪（**BAC, Inorder**）：左子樹→樹根→右子樹

② 前序走訪（**ABC, Preorder**）：樹根→左子樹→右子樹

③ 後序走訪（**BCA, Postorder**）：左子樹→右子樹→樹根

對於這三種走訪方式，各位讀者只需要記得樹根的位置就不會前中後序給搞混。例如中序法即樹根在中間，前序法是樹根在前面，後序法則是樹根在後面。而走訪方式也一定是先左子樹後右子樹。以下針對這三種方式，為各位做更詳盡的介紹。

🔗 中序走訪

中序走訪（Inorder Traversal）也就是從樹的左側逐步向下方移動，直到無法移動，再追蹤此節點，並向右移動一節點。如果無法再向右移動時，可以返回上層的父節點，並重覆左、中、右的步驟進行。如下所示：

❶　走訪左子樹。

❷　拜訪樹根。

❸　走訪右子樹。

如右圖的中序走訪為：FDHGIBEAC

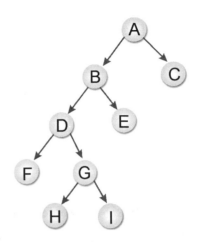

中序走訪的遞迴演算法如下：

```
def inorder(ptr):        # 中序走訪副程式
    if ptr!=None:
        inorder(ptr.left)
        print('[%2d] ' %ptr.data, end='')
        inorder(ptr.right)
```

後序走訪

　　後序走訪（Postorder Traversal）走訪的順序是先追蹤左子樹，再追蹤右子樹，最後處理根節點，反覆執行此步驟。如下所示：

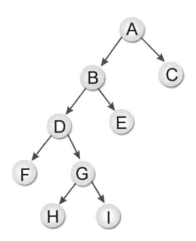

❶　走訪左子樹。

❷　走訪右子樹。

❸　拜訪樹根。

如右圖的後序走訪為：FHIGDEBCA

後序走訪的遞迴演算法如下：

```
def postorder(ptr):   #後序走訪
    if ptr!=None:
        postorder(ptr.left)
        postorder(ptr.right)
        print('[%2d] ' %ptr.data, end='')
```

前序走訪

前序走訪（Preorder Traversal）是從根節點走訪，再往左方移動，當無法繼續時，繼續向右方移動，接著再重覆執行此步驟。如下所示：

❶ 拜訪樹根。

❷ 走訪左子樹。

❸ 走訪右子樹。

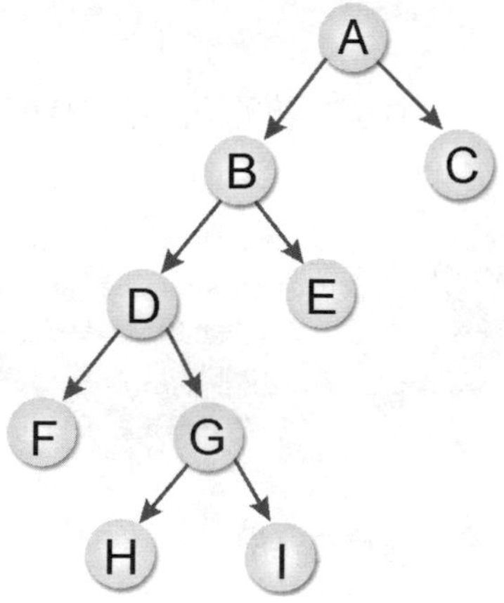

如右圖的前序走訪為：ABDFGHIEC

前序走訪的遞迴演算法如下：

```
def preorder(ptr):    #前序走訪
    if ptr!=None:
        print('[%2d] ' %ptr.data, end='')
        preorder(ptr.left)
        preorder(ptr.right)
```

我們趕快來看以下範例，請問以下二元樹的
中序、前序及後序表示法為何？

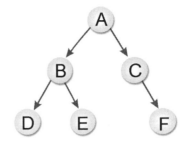

解答　中序走訪為：DBEACF

前序走訪為：ABDECF

後序走訪為：DEBFCA

範例　**ch09_03.py** ┃ 請設計一 Python 程式，依序輸入一棵二元樹節點的資
料，分別是 **5,6,24,8,12,3,17,1,9**，利用鏈結串列來建立二元樹，最後
並進行中序走訪，各位會發現可以輕鬆完成由小到大的排序。

```
01  class tree:
02      def __init__(self):
03          self.data=0
04          self.left=None
05          self.right=None
06
07  def inorder(ptr):                # 中序走訪副程式
08      if ptr!=None:
09          inorder(ptr.left)
10          print('[%2d] ' %ptr.data, end='')
11          inorder(ptr.right)
12
13  def create_tree(root,val):       # 建立二元樹函數
14      newnode=tree()
15      newnode.data=val
16      newnode.left=None
17      newnode.right=None
18      if root==None:
19          root=newnode
20          return root
21      else:
22          current=root
23          while current!=None:
24              backup=current
25              if current.data>val:
26                  current=current.left
27              else:
```

```
28                     current=current.right
29           if backup.data>val:
30               backup.left=newnode
31           else:
32               backup.right=newnode
33       return root
34
35  # 主程式
36  data=[5,6,24,8,12,3,17,1,9]
37  ptr=None
38  root=None
39  for i in range(9):
40      ptr=create_tree(ptr,data[i])          # 建立二元樹
41  print('====================')
42  print(' 排序完成結果：')
43  inorder(ptr)     # 中序走訪
44  print('')
```

🔄 執行結果

```
====================
排序完成結果：
[ 1] [ 3] [ 5] [ 6] [ 8] [ 9] [12] [17] [24]
```

9-4 二元樹節點搜尋

　　我們先來討論如何在所建立的二元樹中搜尋單一節點資料。基本上，二元樹在建立的過程中，是依據左子樹 < 樹根 < 右子樹的原則建立，因此只需從樹根出發比較鍵值，如果比樹根大就往右，否則往左而下，直到相等就可找到打算搜尋的值，如果比到 NULL（在 Python 是以 None 表示），無法再前進就代表搜尋不到此值。

二元樹搜尋的 Python 演算法：

```
def search(ptr,val):            # 搜尋二元樹副程式
    while True:
        if ptr==None:           # 沒找到就傳回 None
            return None
        if ptr.data==val:       # 節點值等於搜尋值
            return ptr
        elifptr.data>val:       # 節點值大於搜尋值
            ptr=ptr.left
        else:
            ptr=ptr.right
```

範例 **ch09_04.py** ▎ 請實作一個二元樹的搜尋程式，首先建立一個二元搜尋樹，並輸入要尋找的值。如果節點中有相等的值，會顯示出進行搜尋的次數。如果找不到這個值，也會顯示訊息，二元樹的節點資料依序為 **7,1,4,2,8,13,12,11,15,9,5**。

```
01  class tree:
02      def __init__(self):
03          self.data=0
04          self.left=None
05          self.right=None
06
07  def create_tree(root,val):   # 建立二元樹函數
08      newnode=tree()
09      newnode.data=val
10      newnode.left=None
11      newnode.right=None
12      if root==None:
13          root=newnode
14          return root
15      else:
16          current=root
17          while current!=None:
18              backup=current
19              if current.data>val:
20                  current=current.left
```

```
21              else:
22                  current=current.right
23          if backup.data>val:
24              backup.left=newnode
25          else:
26              backup.right=newnode
27      return root
28
29  def search(ptr,val):                    # 搜尋二元樹副程式
30      i=1
31      while True:
32          if ptr==None:                    # 沒找到就傳回 None
33              return None
34          if ptr.data==val:                # 節點值等於搜尋值
35              print(' 共搜尋 %3d 次 ' %i)
36              return ptr
37          elifptr.data>val:     # 節點值大於搜尋值
38              ptr=ptr.left
39          else:
40              ptr=ptr.right
41          i+=1
42
43  # 主程式
44  arr=[7,1,4,2,8,13,12,11,15,9,5]
45  ptr=None
46  print('[ 原始陣列內容 ]')
47  for i in range(11):
48      ptr=create_tree(ptr,arr[i])    # 建立二元樹
49      print('[%2d] ' %arr[i],end='')
50  print()
51  data=int(input(' 請輸入搜尋值：'))
52  if search(ptr,data) !=None :        # 搜尋二元樹
53      print(' 你要找的值 [%3d] 有找到 !!' %data)
54  else:
55      print(' 您要找的值沒找到 !!')
```

🔄 **執行結果**

```
[原始陣列內容]
[ 7] [ 1] [ 4] [ 2] [ 8] [13] [12] [11] [15] [ 9] [ 5]
請輸入搜尋值：8
共搜尋   2 次
你要找的值 [  8] 有找到!!
```

二元樹節點插入

談到二元樹節點插入的情況和搜尋相似，重點是插入後仍要保持二元搜尋樹的特性。如果插入的節點在二元樹中就沒有插入的必要，而搜尋失敗的狀況，就是準備插入的位置。如下所示：

```
if search(ptr,data)!=None:    # 搜尋二元樹
    print('二元樹中有此節點了!')
else:
    ptr=create_tree(ptr,data)
    inorder(ptr)
```

範例 **ch09_05.py** ▎ **請實作一個二元樹的搜尋 Python 程式，首先建立一個二元搜尋樹，二元樹的節點資料依序為 7,1,4,2,8,13,12,11,15,9,5，請輸入一鍵值，如不在此二元樹中，則將其加入此二元樹。**

```
01  class tree:
02      def __init__(self):
03          self.data=0
04          self.left=None
05          self.right=None
06
07  def create_tree(root,val):   # 建立二元樹函數
08      newnode=tree()
09      newnode.data=val
10      newnode.left=None
11      newnode.right=None
12      if root==None:
13          root=newnode
14          return root
15      else:
16          current=root
17          while current!=None:
18              backup=current
19              if current.data>val:
20                  current=current.left
```

```
21              else:
22                  current=current.right
23          if backup.data>val:
24              backup.left=newnode
25          else:
26              backup.right=newnode
27      return root
28
29  def search(ptr,val):               # 搜尋二元樹副程式
30      while True:
31          if ptr==None:              # 沒找到就傳回 None
32              return None
33          if ptr.data==val:          # 節點值等於搜尋值
34              return ptr
35          elifptr.data>val:          # 節點值大於搜尋值
36              ptr=ptr.left
37          else:
38              ptr=ptr.right
39
40  def inorder(ptr):                  # 中序走訪副程式
41      if ptr!=None:
42          inorder(ptr.left)
43          print('[%2d] ' %ptr.data, end='')
44          inorder(ptr.right)
45
46  # 主程式
47  arr=[7,1,4,2,8,13,12,11,15,9,5]
48  ptr=None
49  print('[ 原始陣列內容 ]')
50
51  for i in range(11):
52      ptr=create_tree(ptr,arr[i])    # 建立二元樹
53      print('[%2d] ' %arr[i],end='')
54  print()
55  data=int(input(' 請輸入搜尋鍵值：'))
56  if search(ptr,data)!=None:         # 搜尋二元樹
57      print(' 二元樹中有此節點了 !')
58  else:
59      ptr=create_tree(ptr,data)
60      inorder(ptr)
```

↻ 執行結果

```
[原始陣列內容]
[ 7] [ 1] [ 4] [ 2] [ 8] [13] [12] [11] [15] [ 9] [ 5]
請輸入搜尋鍵值：12
二元樹中有此節點了！
```

9-6　二元樹節點刪除

二元樹節點的刪除則稍微複雜，可分為以下三種狀況：

① 刪除的節點為樹葉：只要將其相連的父節點指向 None 即可。

② 刪除的節點只有一棵子樹，如右圖刪除節點 1，就將其右指標欄放到其父節點的左指標欄：

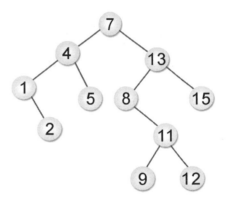

③ 刪除的節點有兩棵子樹，如下圖刪除節點 4，方式有兩種，雖然結果不同，但都可符合二元樹特性：

(1) 找出中序立即前行者（inorder immediate successor），即是將欲刪除節點的左子樹最大者向上提，在此即為節點 2，簡單來說，就是在該節點的左子樹，往右尋找，直到右指標為 None，這個節點就是中序立即前行者。

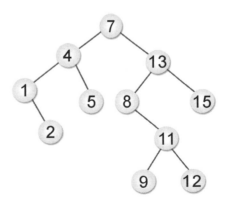

(2) 找出中序立即後繼者（inorder immediate successor），即是將欲刪除節點的右子樹最小者向上提，在此即為節點 5，簡單來說，就是在該節點的右子樹，往左尋找，直到左指標為 None，這個節點就是中序立即後繼者。

範例 請將 **32、24、57、28、10、43、72、62**，依中序方式存入可放 **10** 個節點（**node**）之陣列內，試繪圖與說明節點在陣列中相關位置？如果插入資料為 **30**，試繪圖及寫出其相關動作與位置變化？接著如再刪除的資料為 **32**，試繪圖及寫出其相關動作與位置變化。

解答

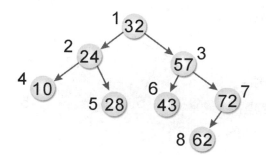

root=1	left	data	right
1	2	32	3
2	4	24	5
3	6	57	7
4	0	10	0
5	0	28	0
6	0	43	0
7	8	72	0
8	0	62	0
9			
10			

插入資料為 30：

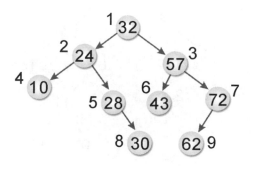

root=1	left	data	right
1	2	32	3
2	4	24	5
3	6	57	7
4	0	10	0
5	0	28	8
6	0	43	0
7	9	72	0
8	0	30	0
9	0	62	0
10			

刪除的資料為 32：

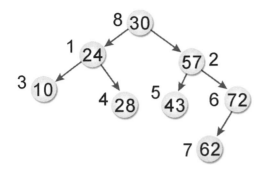

root=8	left	data	right
1	3	24	4
2	5	57	6
3	0	10	0
4	0	28	0
5	0	43	0
6	7	72	0
7	0	62	0
8	1	30	2
9			
10			

9-7　堆積樹排序法

　　堆積樹排序法可以算是選擇排序法的改進版，它可以減少在選擇排序法中的比較次數，進而減少排序時間。堆積排序法使用到了二元樹的技巧，它是利用堆積樹來完成排序。堆積是一種特殊的二元樹，可分為最大堆積樹及最小堆積樹兩種。而最大堆積樹滿足以下 3 個條件：

①　它是一個完整二元樹。

②　所有節點的值都大於或等於它左右子節點的值。

③　樹根是堆積樹中最大的。

　　而最小堆積樹則具備以下 3 個條件：

①　它是一個完整二元樹。

②　所有節點的值都小於或等於它左右子節點的值。

③　樹根是堆積樹中最小的。

在開始談論堆積排序法前，各位必須先認識如何將二元樹轉換成堆積樹（heap tree）。我們以下面實例進行說明：

假設有 9 筆資料 32、17、16、24、35、87、65、4、12，我們以二元樹表示如下：

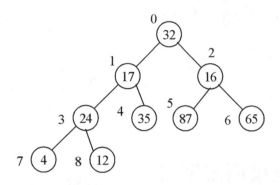

如果要將該二元樹轉換成堆積樹（heap tree）。我們可以用陣列來儲存二元樹所有節點的值，即

A[0]=32、A[1]=17、A[2]=16、A[3]=24、A[4]=35、A[5]=87、A[6]=65、A[7]=4、A[8]=12

❶ A[0]=32 為樹根，若 A[1] 大於父節點則必須互換。此處 A[1]=17<A[0]=32 故不交換。

❷ A[2]=16<A[0] 故不交換。

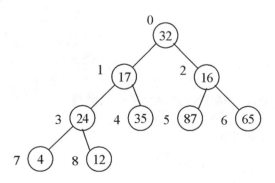

❸　A[3]=24>A[1]=17 故交換。

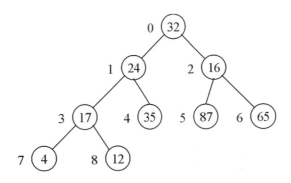

❹　A[4]=35>A[1]=24 故交換，再與 A[0]=32 比較，A[1]=35>A[0]=32 故交換。

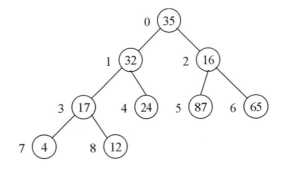

❺　A[5]=87>A[2]=16 故交換，再與 A[0]=35 比較，A[2]=87>A[0]=35 故交換。

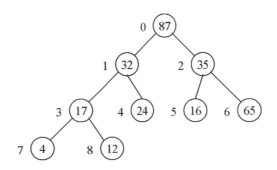

❻ A[6]=65>A[2]=35 故交換，且 A[2]=65<A[0]=87 故不必換。

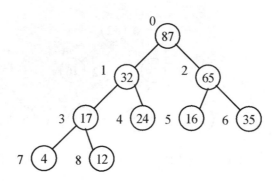

❼ A[7]=4<A[3]=17 故不必換。

A[8]=12<A[3]=17 故不必換。

可得下列的堆積樹

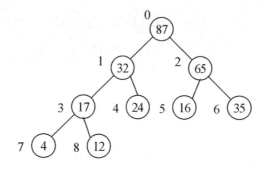

　　剛才示範由二元樹的樹根開始由上往下逐一依堆積樹的建立原則來改變各節點值，最終得到一最大堆積樹。各位可以發現堆積樹並非唯一，您也可以由陣列最後一個元素（例如此例中的 A[8]）由下往上逐一比較來建立最大堆積樹。如果您想由小到大排序，就必須建立最小堆積樹，作法和建立最大堆積樹類似，在此不另外說明。

　　下面我們將利用堆積排序法針對 34、19、40、14、57、17、4、43 的排序過程示範如下：

❶　依下圖數字順序建立完整二元樹。

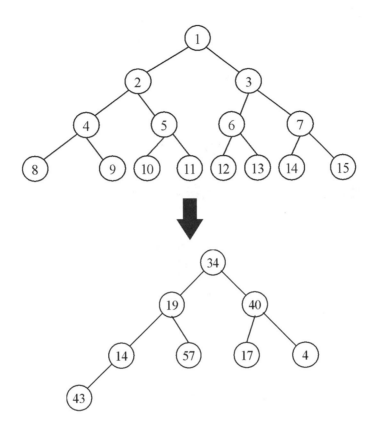

❷　建立堆積樹。

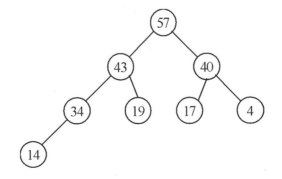

❸　將 57 自樹根移除，重新建立堆積樹。

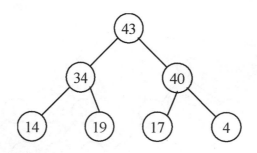

❹　將 43 自樹根移除，重新建立堆積樹。

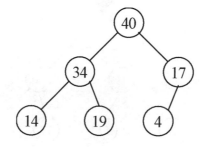

❺　將 40 自樹根移除，重新建立堆積樹。

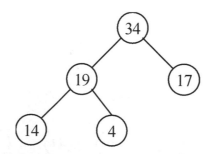

❻　將 34 自樹根移除，重新建立堆積樹。

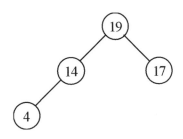

❼　將 19 自樹根移除，重新建立堆積樹。

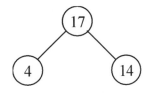

❽　將 17 自樹根移除，重新建立堆積樹。

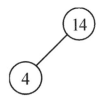

❾　將 14 自樹根移除，重新建立堆積樹。

最後將 4 自樹根移除。得到的排序結果為 57、43、40、34、19、17、14、4。

範例 **ch09_06.py** ▎請設計一 Python 程式,並使用堆積排序法來排序。

```
01  def heap(data,size):
02      for i in range(int(size/2),0,-1):          # 建立堆積樹節點
03          ad_heap(data,i,size-1)
04      print()
05      print(' 堆積內容 : ',end='')
06      for i in range(1,size):                     # 原始堆積樹內容
07          print('[%2d] ' %data[i],end='')
08      print('\n')
09      for i in range(size-2,0,-1):                # 堆積排序
10          data[i+1],data[1]=data[1],data[i+1]     # 頭尾節點交換
11          ad_heap(data,1,i)                       # 處理剩餘節點
12          print(' 處理過程 : ',end='')
13          for j in range(1,size):
14              print('[%2d] ' %data[j],end='')
15          print()
16
17  def ad_heap(data,i,size):
18      j=2*i
19      tmp=data[i]
20      post=0
21      while j<=size and post==0:
22          if j<size:
23              if data[j]<data[j+1]:               # 找出最大節點
24                  j+=1
25          if tmp>=data[j]:                        # 若樹根較大,結束比較過程
26              post=1
27          else:
28              data[int(j/2)]=data[j]              # 若樹根較小,則繼續比較
29              j=2*j
30      data[int(j/2)]=tmp                          # 指定樹根為父節點
31
32  def main():
33      data=[0,5,6,4,8,3,2,7,1]                    # 原始陣列內容
34      size=9
35      print(' 原始陣列 : ',end='')
36      for i in range(1,size):
37          print('[%2d] ' %data[i],end='')
38      heap(data,size)                             # 建立堆積樹
39      print(' 排序結果 : ',end='')
40      for i in range(1,size):
41          print('[%2d] ' %data[i],end='')
42
43  main()
```

🔄 **執行結果**

```
原始陣列：[ 5] [ 6] [ 4] [ 8] [ 3] [ 2] [ 7] [ 1]
堆積內容：[ 8] [ 6] [ 7] [ 5] [ 3] [ 2] [ 4] [ 1]

處理過程：[ 7] [ 6] [ 4] [ 5] [ 3] [ 2] [ 1] [ 8]
處理過程：[ 6] [ 5] [ 4] [ 1] [ 3] [ 2] [ 7] [ 8]
處理過程：[ 5] [ 3] [ 4] [ 1] [ 2] [ 6] [ 7] [ 8]
處理過程：[ 4] [ 3] [ 2] [ 1] [ 5] [ 6] [ 7] [ 8]
處理過程：[ 3] [ 1] [ 2] [ 4] [ 5] [ 6] [ 7] [ 8]
處理過程：[ 2] [ 1] [ 3] [ 4] [ 5] [ 6] [ 7] [ 8]
處理過程：[ 1] [ 2] [ 3] [ 4] [ 5] [ 6] [ 7] [ 8]
排序結果：[ 1] [ 2] [ 3] [ 4] [ 5] [ 6] [ 7] [ 8]
```

9-8 延伸二元樹入門

至於什麼叫做最小搜尋成本呢？就讓我們先從延伸二元樹（Extension Binary Tree）談起。任何一個二元樹中，若具有 n 個節點，則有 n-1 個非空鏈結及 n+1 個空鏈結。如果在每一個空鏈結加上一個特定節點，則稱為外節點，其餘的節點稱為內節點，且定義此種樹為「延伸二元樹」，另外定義外徑長＝所有外節點到樹根距離的總和，內徑長＝所有內節點到樹根距離的總和。我們將以下例來說明 (A)(B) 兩圖，它們的延伸二元樹繪製：

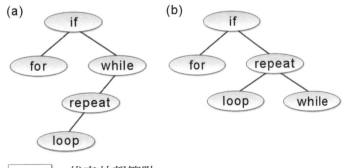

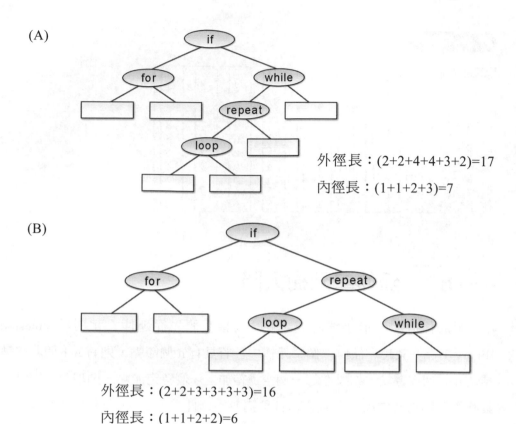

(A)

外徑長：(2+2+4+4+3+2)=17

內徑長：(1+1+2+3)=7

(B)

外徑長：(2+2+3+3+3+3)=16

內徑長：(1+1+2+2)=6

以上 (A)、(B) 二圖為例，如果每個外部節點有加權值（例如搜尋機率等），則外徑長必須考慮相關加權值，或稱為加權外徑長，以下將討論 (A)、(B) 的加權外徑長：

■ 對 (A) 來說：2×3+4×3+5×2+15×1=43

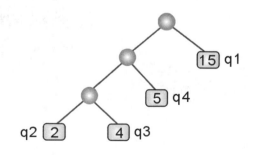

■ 對 (B) 來說：2×2+4×2+5×2+15×2=52

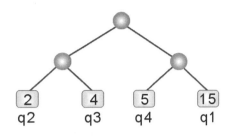

9-9　霍夫曼樹特訓班

　　霍夫曼樹經常用於處理資料壓縮的問題，可以根據資料出現的頻率來建構的二元樹。例如資料的儲存和傳輸是資料處理的二個重要領域，兩者皆和資料量的大小息息相關，而霍夫曼樹正可用來進行資料壓縮的演算法。

　　簡單來說，如果有 n 個權值 $(q_1,q_2 \cdots q_n)$，且構成一個有 n 個節點的二元樹，每個節點外部節點權值為 q_i，則加權徑長度最小的就稱為「最佳化二元樹」或「霍夫曼樹」（Huffman Tree）。對上一小節中，(A)、(B) 二元樹而言，(A) 就是二者的最佳化二元樹。接下來我們將說明，對一含權值的串列，該如何求其最佳化二元樹，步驟如下：

① 產生兩個節點，對資料中出現過的每一元素各自產生一樹葉節點，並賦予樹葉節點該元素之出現頻率。

② 令 N 為 T1 和 T2 的父親節點，T1 和 T2 是 T 中出現頻率最低的兩個節點，令 N 節點的出現頻率等於 T1 和 T2 的出現頻率總和。

③ 消去步驟的兩個節點，插入 N，再重複步驟 1。

我們將利用以上的步驟來實作求取霍夫曼樹的過程，假設現在有五個字母 BDACE 的頻率分別為 0.09、0.12、0.19、0.21 和 0.39，請說明霍夫曼樹建構之過程：

❶ 取出最小的 0.09 和 0.12，合併成另一棵新的二元樹，其根節點的頻率為 0.21。

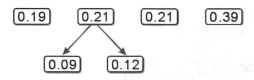

❷ 再取出 0.19 和 0.21 合併後，得到 0.40 的新二元樹。

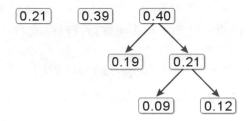

❸ 再出 0.21 和 0.39 的節點，產生頻率為 0.6 的新節點。

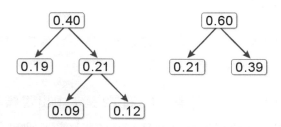

最後取出 0.40 和 0.60 的節點，合併成頻率為 1.0 的節點，至此二元樹即完成。

9-10 平衡樹

由於二元搜尋樹的缺點是無法永遠保持在最佳狀態。當加入之資料部分已排序的情況下，極有可能產生歪斜樹，因而使樹的高度增加，導致搜尋效率降低。所以二元搜尋樹較不利於資料的經常變動（加入或刪除）。為了能夠儘量降低搜尋所需要的時間，讓我們在搜尋的時候能夠很快找到所要的鍵值，我們必須讓樹的高度越小越好。

所謂平衡樹（Balanced Binary Tree），又稱之為 AVL 樹（是由 Adelson-Velskii 和 Landis 兩人所發明的），本身也是一棵二元搜尋樹，在 AVL 樹中，每次在插入資料和刪除資料後，必要的時候會對二元樹作一些高度的調整動作，而這些調整動作就是要讓二元搜尋樹的高度隨時維持平衡。T 是一個非空的二元樹，T_1 及 T_r 分別是它的左右子樹，若符合下列兩條件，則稱 T 是個高度平衡樹：

① T_1 及 T_r 也是高度平衡樹。

② $|h_1-h_r| \leq 1$，h_1 及 h_r 分別為 T_1 與 T_r 的高度，也就是所有內部節點的左右子樹高度相差必定小於或等於 1。

如下圖所示：

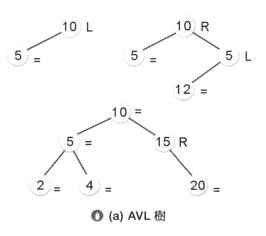

🔹 (a) AVL 樹

```
    10 LL         10 RR         10 RR
  8  L          8 =  15 RR       15 =
5  =                   20 R    12 =  20 =
                          25 =
```

📍 **(b) 非 AVL 樹**

　　至於如何調整一二元搜尋樹成為一平衡樹,最重要是找出「不平衡點」,再依照以下四種不同旋轉型式,重新調整其左右子樹的長度。首先,令新插入的節點為 N,且其最近的一個具有 ±2 的平衡因子節點為 A,下一層為 B,再下一層 C,分述如下:

📎 **LL 型**

📎 **LR 型**

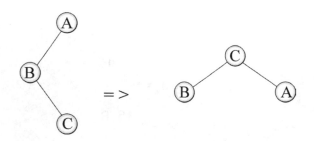

❖ RR 型

❖ RL 型

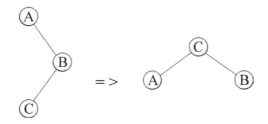

現在我們來實作一個範例，下圖的二元樹原是平衡的，加入節點 12 後變為不平衡，請重新調整成平衡樹，但不可破壞原有的次序結構：

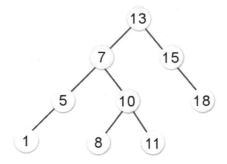

調整結果如下：

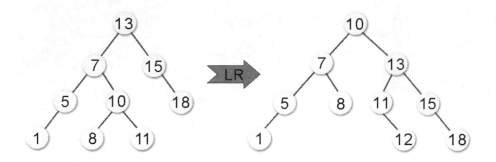

9-11　決策樹的智慧

　　我們也常把決策樹（Decision Tree）稱為「遊戲樹」，這是因為遊戲中的 AI 經常以決策樹資料結構來實作的緣故。對資料結構而言，決策樹本身是人工智慧（AI）中一個重要理念，在資訊管理系統（MIS）中，也是決策支援系統（Decision Support System, DSS）的執行基礎。

　　簡單來說，決策樹是一種利用樹狀結構的方法，來討論一個問題的各種情況分佈的可能性。例如最典型的「8 枚金幣」問題來闡釋決策樹的觀念，內容是假設有 8 枚金幣 a、b、c、d、e、f、g、h 且其中有一枚是偽造的，偽造金幣的特徵為重量稍輕或偏重。請問如何使用決策樹方法，找出這枚偽造的錢幣；如果是以 L 表示輕於真品，H 表示重於真品。第一次比較從 8 枚中任挑 6 枚 a、b、c、d、e、f 分 2 組來比較重量，則會有下列三種情形產生：

```
(a+b+c)>(d+e+f)
(a+b+c)=(d+e+f)
(a+b+c)<(d+e+f)
```

我們可以依照以上的步驟，畫出以下決策樹的圖形：

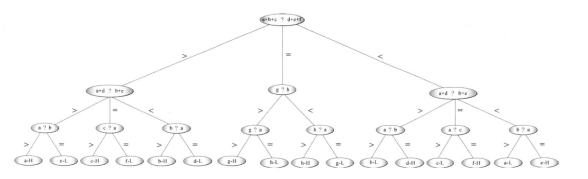

不過如果今天您要設計的遊戲並是屬於「棋類」或是「紙牌類」的話，所採用的技巧在於實現遊戲作決策的能力，簡單的說，該下哪一步棋或者該出哪一張牌，因為通常可能的狀況有很多，例如象棋遊戲的人工智慧就必須在所有可能的情況中選擇一步對自己最有利的棋，想想看如果開發此類的遊戲，您會怎麼作？這時決策樹也可派上用場。

通常此類遊戲的 AI 實現技巧為先找出所有可走的棋（或可出的牌），然後逐一判斷如果走這步棋（或出這張牌）的優劣程度如何，或者說是替這步棋打個分數，然後選擇走得分最高的那步棋。

一個最常被用來討論決策型 AI 的簡單例子是「井字遊戲」，因為它的可能狀況不多，也許您只要花個十分鐘便能分析完所有可能的狀況，並且找出最佳的玩法，例如右圖可表示某個狀況下的 O 方的可能決策樹：

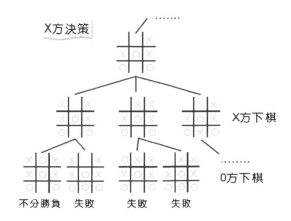

　　上圖是井字遊戲的某個決策區域，下一步是 X 方下棋，很明顯的 X 方絕對不能選擇第二層的第二個下法，因為 X 方必敗無疑，而您也看出來這個決策形成樹狀結構，所以也稱之為「決策樹」，而樹狀結構正是資料結構所討論的範圍，這也說明了資料結構正是人工智慧的基礎，而決策型人工智慧的基礎則是搜尋，在所有可能的狀況下，搜尋可能獲勝的方法。

想一想，怎麼做？

1. 請說明二元搜尋樹的特點。

2. 下列哪一種不是樹（Tree）？ (A) 一個節點 (B) 環狀串列 (C) 一個沒有迴路的連通圖（Connected Graph）(D) 一個邊數比點數少 1 的連通圖。

3. 關於二元搜尋樹（binary search tree）的敘述，何者為非？ (A) 二元搜尋樹是一棵完整二元樹（complete binary tree）(B) 可以是歪斜樹（skewed binary tree）(C) 一節點最多只有兩個子節點（child node）(D) 一節點的左子節點的鍵值不會大於右節點的鍵值。

4. 請問以下二元樹的中序、後序以及前序表示法為何？

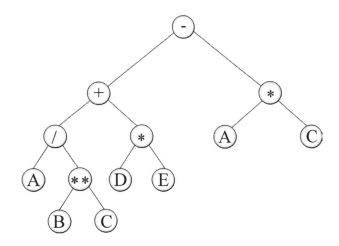

5. 試以鏈結串列描述代表以下樹狀結構的資料結構。

(A)

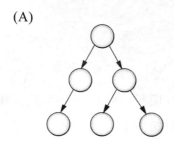

(B)

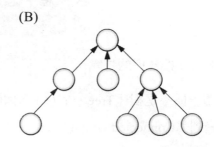

(C)

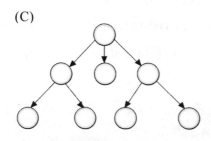

6. 請問以下運算二元樹的中序、後序與前序表示法為何？

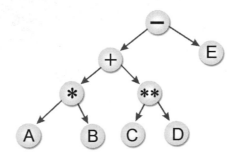

7. 請嘗試將 A-B*(-C+-3.5) 運算式，轉為二元運算樹，並求出此算術式的前序（prefix）與後序（postfix）表示法。

Algorithm

Chapter

10

圖形演算法的秘密

- >> 圖形簡介
- >> 圖形的資料表示法
- >> 圖形的走訪
- >> 最小花費擴張樹（MST）
- >> 圖形最短路徑法

　　圖形除了被活用在演算法領域中最短路徑搜尋、拓樸排序外，還能應用在系統分析中以時間為評核標準的計畫評核術（Performance Evaluation and Review Technique, PERT），或者像一般生活中的「IC 板設計」、「交通網路規劃」等都可以看做是圖形的應用。例如兩點之間的距離，如何計算兩節點之間最短距離的問題，就變成圖形要處理的問題，也就是網路的定義，以 Dijkstra 這種圖形演算法就能快速尋找出兩個節點之間的最短路徑，如果沒有 Dijkstra 演算法，現代網路的運作效率必將大大降低。

● 捷運路線的規劃也是圖形的應用

10-1 圖形簡介

　　圖形理論起源於 1736 年，一位瑞士數學家尤拉（Euler）為了解決「肯尼茲堡橋樑」問題，所想出來的一種資料結構理論，這就是著名的七橋理論。簡單來說，就是有七座橫跨四個城市的大橋。尤拉所思考的問題是這樣的，「是否有人在只經過每一座橋樑一次的情況下，把所有地方走過一次而且回到原點。」

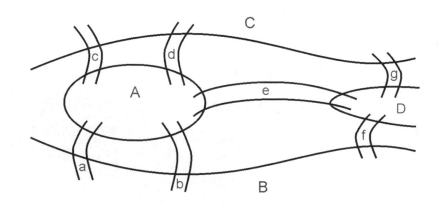

10-1-1　尤拉環與尤拉鏈

　　尤拉當時使用的方法就是以圖形結構進行分析。他先以頂點表示土地，以邊表示橋樑，並定義連接每個頂點的邊數稱為該頂點的分支度。我們將以下面簡圖來表示「肯尼茲堡橋樑」問題：

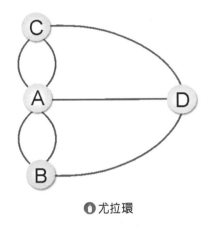

❶尤拉環

　　最後尤拉找到一個結論：「當所有頂點的分支度皆為偶數時，才能從某頂點出發，經過每一邊一次，再回到起點。」也就是說，在上圖中每個頂點的分支度都是奇數，所以尤拉所思考的問題是不可能發生的，這個理論就是有名的「尤拉環」（Eulerian cycle）理論。

　　但如果條件改成從某頂點出發，經過每邊一次，不一定要回到起點，亦即只允許其中兩個頂點的分支度是奇數，其餘則必須全部為偶數，符合這樣的結果就稱為尤拉鏈（Eulerian chain）。

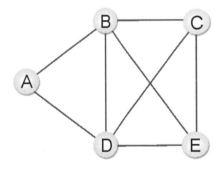

10-1-2　圖形的定義

　　圖形是由「頂點」和「邊」所組成的集合，通常用 G=(V,E) 來表示，其中 V 是所有頂點所成的集合，而 E 代表所有邊所成的集合。圖形的種類有兩種：一是無向圖形，一是有向圖形，無向圖形以 (V_1,V_2) 表示，有向圖形則以 $<V_1,V_2>$ 表示其邊線。

10-1-3 無向圖形

無向圖形（Graph）是一種具備同邊的兩個頂點沒有次序關係，例如 (A,B) 與 (B,A) 是代表相同的邊。如下圖所示：

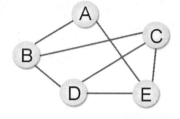

```
V={A,B,C,D,E}
E={(A,B),(A,E),(B,C),(B,D),(C,D),(C,E),(D,E)}
```

接下來是無向圖形的重要術語介紹：

■ **完整圖形**：在「無向圖形」中，N 個頂點正好有 N(N-1)/2 條邊，則稱為「完整圖形」。如下圖所示：

■ **路徑（Path）**：對於從頂點 V_i 到頂點 V_j 的一條路徑，是指由所經過頂點所成的連續數列，如圖 G 中，A 到 E 的路徑有 {(A,B)、(B, E)} 及 {((A,B)、(B,C)、(C,D)、(D,E)) 等等。

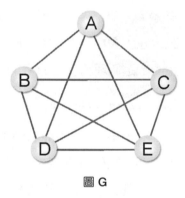

圖 G

■ **簡單路徑（Simple Path）**：除了起點和終點可能相同外，其他經過的頂點都不同，在圖 G 中，(A,B)、(B,C)、(C,A)、(A,E) 不是一條簡單路徑。

■ **路徑長度（Path Length）**：是指路徑上所包含邊的數目，在圖 G 中，(A,B)、(B,C)、(C,D)、(D,E)，是一條路徑，其長度為 4，且為一簡單路徑。

■ **循環（Cycle）**：起始頂點及終止頂點為同一個點的簡單路徑稱為循環。如上圖 G，{(A,B)，(B,D)，(D,E)，(E,C)，(C,A)} 起點及終點都是 A，所以是一個循環。

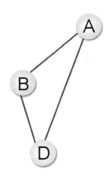

- **依附（Incident）**：如果 V_i 與 V_j 相鄰，我們則稱 (V_i,V_j) 這個邊依附於頂點 V_i 及頂點 V_j，或者依附於頂點 B 的邊有 (A,B)、(B,D)、(B,E)、(B,C)。

- **子圖（Subgraph）**：當我們稱 G' 為 G 的子圖時，必定存在 $V(G')\subseteq V(G)$ 與 $E(G')\subseteq E(G)$，如右圖是上圖 G 的子圖。

- **相鄰（Adjacent）**：如果 (V_i,V_j) 是 E(G) 中的一邊，則稱 V_i 與 V_j 相鄰。

- **相連單元（Connected Component）**：在無向圖形中，相連在一起的最大子圖（Subgraph），如右圖有 2 個相連單元。

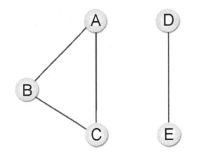

- **分支度**：在無向圖形中，一個頂點所擁有邊的總數為分支度。如上頁圖 G，頂點 1 的分支度為 4。

10-1-4 有向圖形

有向圖形（Digraph）是一種每一個邊都可使用有序對 $<V_1,V_2>$ 來表示，並且 $<V_1,V_2>$ 與 $<V_2,V_1>$ 是表示兩個方向不同的邊，而所謂 $<V_1,V_2>$，是指 V_1 為尾端指向為頭部的 V_2。如右圖所示：

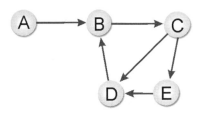

```
V={A,B,C,D,E}
E={<A,B>,<B,C>,<C,D>,<C,E>,<E,D>,<D,B>}
```

接下來則是有向圖形的相關定義介紹：

- **完整圖形（Complete Graph）**：具有 n 個
  頂點且恰好有 n*(n-1) 個邊的有向圖形，如
  下圖所示：

- **路徑（Path）**：有向圖形中從頂點 V_p 到頂
  點 V_q 的路徑是指一串由頂點所組成的連續
  有向序列。

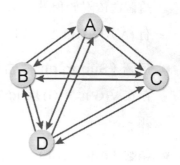

- **強連接（Strongly Connected）**：有向圖
  形中，如果每個相異的成對頂點 V_i,V_j 有直
  接路徑，同時，有另一條路徑從 V_j 到 V_i，
  則稱此圖為強連接。如右圖：

- **強連接單元（Strongly Connected Component）**：有向圖形中構成強連
  接的最大子圖，在下圖 (A) 中是強連接，但 (B) 就不是。

(A)   (B)

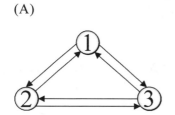   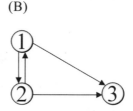

而圖 (B) 中的強連接單元如下：

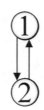

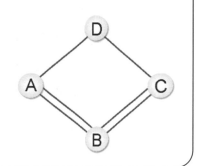

- **出分支度（Out-degree）**：是指有向圖形中，以頂點 V 為箭尾的邊數目。

- **入分支度（In-degree）**：是指有向圖形中，以頂點 V 為箭頭的邊數目，如右圖中 V_4 的入分支度為 1，出分支度為 0，V_2 的入分支度為 4，出分支度為 1。

TIPS 所謂複線圖（multigraph），圖形中任意兩頂點只能有一條邊，如果兩頂點間相同的邊有 2 條以上（含 2 條），則稱它為複線圖，以圖形嚴格的定義來說，複線圖應該不能稱為一種圖形。請看右圖：

10-2　圖形的資料表示法

知道圖形的各種定義與觀念後，有關圖形的資料表示法就益顯重要了。常用來表達圖形資料結構的方法很多，本節中將介紹四種表示法。

10-2-1　相鄰矩陣法

圖形 A 有 n 個頂點，以 n*n 的二維矩陣列表示。此矩陣的定義如下：

對於一個圖形 G=(V,E)，假設有 n 個頂點，n≧1，則可以將 n 個頂點的圖形，利用一個 n*n 二維矩陣來表示，其中假如 A(i,j)=1，則表示圖形中有一條邊 (V_i,V_j) 存在。反之，A(i,j)=0，則沒有一條邊 (V_i,V_j) 存在。

相關特性說明如下：

① 對無向圖形而言，相鄰矩陣一定是對稱的，而且對角線一定為 0。有向圖形則不一定是如此。

② 在無向圖形中，任一節點 i 的分支度為 $\sum_{j=1}^{n} A(i,j)$，就是第 i 列所有元素的和。在有向圖中，節點 i 的出分支度為 $\sum_{j=1}^{n} A(i,j)$，就是第 i 列所有元素的和，而入分支度為 $\sum_{i=1}^{n} A(i,j)$，就是第 j 行所有元素的和。

③ 用相鄰矩陣法表示圖形共需要 n^2 空間，由於無向圖形的相鄰矩陣一定是具有對稱關係，所以扣除對角線全部為零外，僅需儲存上三角形或下三角形的資料即可，因此僅需 n(n-1)/2 空間。

接著就實際來看一個範例，請以相鄰矩陣表示右圖無向圖：

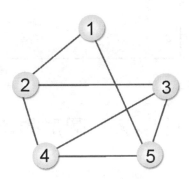

由於上圖共有 5 個頂點，故使用 5*5 的二維陣列存放圖形。在上圖中，先找和①相鄰的頂點有哪些，把和①相鄰的頂點座標填入 1。

跟頂點 1 相鄰的有頂點 2 及頂點 5，所以完成右表：

	1	2	3	4	5
1	0	1	0	0	1
2	1	0			
3	0		0		
4	0			0	
5	1				0

其他頂點依此類推可以得到相鄰矩陣：

	1	2	3	4	5
1	0	1	0	0	1
2	1	0	1	1	0
3	0	1	0	1	1
4	0	1	1	0	1
5	1	0	1	1	0

而對於有向圖形，則不一定是對稱矩陣。其中節點 i 的出分支度為 $\sum_{j=1}^{n} A(i,j)$，就是第 i 列所有元素 1 的和，而入分支度為 $\sum_{i=1}^{n} A(i,j)$，就是第 j 行所有元素 1 的和。例如下列有向圖的相鄰矩陣法：

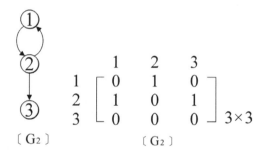

〔G₂〕 〔G₂〕

無向 / 有向圖形的 6*6 相鄰矩陣 Python 演算法如下：

```
for i in range(10):        # 讀取圖形資料
    for j in range(2):     # 填入 arr 矩陣
for k in range(6):
tmpi=data[i][0]            #tmpi 為起始頂點
tmpj=data[i][1]            #tmpj 為終止頂點
arr[tmpi][tmpj]=1          # 有邊的點填入 1

print(' 無向圖形矩陣：')
for i in range(1,6):
    for j in range(1,6):
        print('[%d] ' %arr[i][j],end='')    # 列印矩陣內容
print()
```

範例 **ch10_01.py** ┃ 假設有一無向圖形各邊的起點值及終點值如下陣列：

```
data=[[1,2],[2,1],[1,5],[5,1],[2,3],[3,2],[2,4],[4,2], [3,4],[4,3]]
```

試輸出此圖形的相鄰矩陣。

```
01  arr=[[0]*6 for row in range(6)]          # 宣告矩陣 arr
02  # 圖形各邊的起點值及終點值
03  data=[[1,2],[2,1],[1,5],[5,1], \
04       [2,3],[3,2],[2,4],[4,2], \
05       [3,4],[4,3]]
06  for i in range(10):                       # 讀取圖形資料
07      for j in range(2):                    # 填入 arr 矩陣
08          for k in range(6):
09              tmpi=data[i][0]               #tmpi 為起始頂點
10              tmpj=data[i][1]               #tmpj 為終止頂點
11              arr[tmpi][tmpj]=1             # 有邊的點填入 1
12
13  print(' 無向圖形矩陣：')
14  for i in range(1,6):
15      for j in range(1,6):
16          print('[%d] ' %arr[i][j],end='')  # 列印矩陣內容
17  print()
```

⟳ 執行結果

```
無向圖形矩陣：
[0] [1] [0] [0] [1]
[1] [0] [1] [1] [0]
[0] [1] [0] [1] [0]
[0] [1] [1] [0] [0]
[1] [0] [0] [0] [0]
```

範例 ▶ **ch10_02.py** ▍ 假設有一有向圖形各邊的起點值及終點值如下陣列：

```
data=[[1,2],[2,1],[2,3],[2,4],[4,3],[4,1]]
```

試輸出此圖形的相鄰矩陣。

```
01  arr=[[0]*6 for row in range(6)]                      # 宣告矩陣 arr
02
03  data=[[1,2],[2,1],[2,3],[2,4],[4,3],[4,1]]           # 圖形各邊的起點值及終點值
04  for i in range(6):                                   # 讀取圖形資料
05      for j in range(6):                               # 填入 arr 矩陣
06          tmpi=data[i][0]                              #tmpi 為起始頂點
07          tmpj=data[i][1]                              #tmpj 為終止頂點
08          arr[tmpi][tmpj]=1                            # 有邊的點填入 1
09
10  print('有向圖形矩陣：')
11  for i in range(1,6):
12      for j in range(1,6):
13          print('[%d] ' %arr[i][j],end='')             # 列印矩陣內容
14      print()
```

↻ **執行結果**

```
有向圖形矩陣：
[0] [1] [0] [0] [0]
[1] [0] [1] [1] [0]
[0] [0] [0] [0] [0]
[1] [0] [1] [0] [0]
[0] [0] [0] [0] [0]
```

10-2-2　相鄰串列法

　　前面所介紹的相鄰矩陣法，優點是藉著矩陣的運算，可以求取許多特別的應用，如要在圖形中加入新邊時，這個表示法的插入與刪除相當簡易。不過考慮到稀疏矩陣空間浪費的問題，如要計算所有頂點的分支度時，其時間複雜度為 $O(n^2)$。

因此可以考慮更有效的方法，就是相鄰串列法（adjacency list）。這種表示法就是將一個 n 列的相鄰矩陣，表示成 n 個鏈結串列，這種作法和相鄰矩陣相比較節省空間，如計算所有頂點的分支度時，其時間複雜度為 O(n+e)，缺點是圖形新邊的加入或刪除會更動到相關的串列鏈結，較為麻煩費時。

首先將圖形的 n 個頂點形成 n 個串列首，每個串列中的節點表示它們和首節點之間有邊相連。節點宣告如下：

```
class list_node:
    def __init__(self):
        self.val=0
        self.next=None
```

在無向圖形中，因為對稱的關係，若有 n 個頂點、m 個邊，則形成 n 個串列首，2m 個節點。若為有向圖形中，則有 n 個串列首，以及 m 個頂點，因此相鄰串列中，求所有頂點分支度所需的時間複雜度為 O(n+m)。現在分別來討論下圖的兩個範例，該如何使用相鄰串列表示：

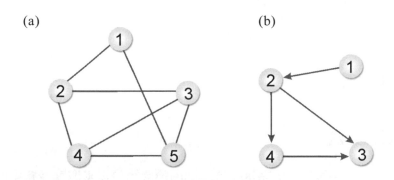

(a)　　　　　　　　　　　　(b)

首先來看 (A) 圖，因為 5 個頂點使用 5 個串列首，V_1 串列代表頂點 1，與頂點 1 相鄰的頂點有 2 及 5，依此類推。

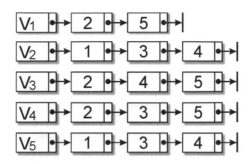

接著來看 (B) 圖，因為 4 個頂點使用 4 個串列首，V_1 串列代表頂點 1，與頂點 1 相鄰的頂點有 2，依此類推。

範例 **ch10_03.py** ▌ 請使用陣列儲存圖形的邊，並使用相鄰串列法來輸出鄰接節點的內容。

```
01  class list_node:
02      def __init__(self):
03          self.val=0
04          self.next=None
05
06  head=[list_node]*6 # 宣告一個節點型態串列
07
08  newnode=list_node()
09
10
```

```
11   # 圖形陣列宣告
12   data=[[1,2],[2,1],[2,5],[5,2], \
13         [2,3],[3,2],[2,4],[4,2], \
14         [3,4],[4,3],[3,5],[5,3], \
15         [4,5],[5,4]]
16
17   print(' 圖形的鄰接串列內容：')
18   print('--------------------------------')
19   for i in range(1,6):
20       head[i].val=i    # 串列首 head
21       head[i].next=None
22       print(' 頂點 %d =>' %i,end='')       # 把頂點值列印出來
23       ptr=head[i]
24       for j in range(14):                   # 走訪圖形陣列
25           if data[j][0]==i:                 # 如果節點值 =i，加入節點到串列首
26               newnode.val=data[j][1]       # 宣告新節點，值為終點值
27               newnode.next=None
28               while ptr!=None:             # 判斷是否為串列的尾端
29                   ptr=ptr.next
30               ptr=newnode                   # 加入新節點
31               print('[%d] ' %newnode.val,end='')    # 列印相鄰頂點
32       print()
```

🔄 執行結果

```
圖形的鄰接串列內容：
--------------------------------
頂點 1 =>[2]
頂點 2 =>[1] [5] [3] [4]
頂點 3 =>[2] [4] [5]
頂點 4 =>[2] [3] [5]
頂點 5 =>[2] [3] [4]
```

10-2-3　相鄰複合串列法

　　上面介紹了兩個圖形表示法都是從頂點的觀點出發，但如果要處理的是「邊」則必須使用相鄰多元串列，相鄰多元串列是處理無向圖形的另一種方法。相鄰多元串列的節點是存放邊線的資料，其結構如下：

M	V₁	V₂	LINK1	LINK2
記錄單元	邊線起點	邊線終點	起點指標	終點指標

其中相關特性說明如下：

M：是記錄該邊是否被找過的一個位元之欄位。

V₁ 及 **V₂**：是所記錄的邊的起點與終點。

LINK1：在尚有其他頂點與 V_1 相連的情況下，此欄位會指向下一個與 V_1 相連的邊節點，如果已經沒有任何頂點與 V_1 相連時，則指向 None。

LINK2：在尚有其他頂點與 V_2 相連的情況下，此欄位會指向下一個與 V_2 相連的邊節點，如果已經沒有任何頂點與 V_2 相連時，則指向 None。

例如有三條邊線 (1,2)(1,3)(2,4)，則邊線 (1,2) 表示法如下：

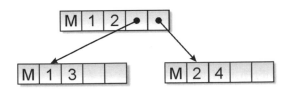

我們現在以相鄰多元串列表示下圖所示：

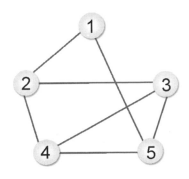

首先分別把頂點及邊的節點找出。

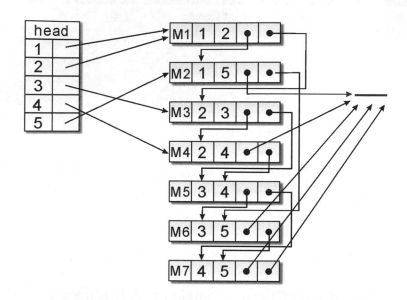

10-2-4 索引表格法

索引表格表示法，是一種用一維陣列來依序儲存與各頂點相鄰的所有頂點，並建立索引表格，來記錄各頂點在此一維陣列中第一個與該頂點相鄰的位置。我們將以下圖來說明索引表格法的實例。

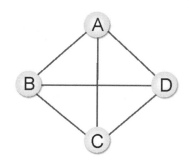

則索引表格法的表示外觀為：

10-3　圖形的走訪

　　樹的追蹤目的是欲拜訪樹的每一個節點一次，可用的方法有中序法、前序法和後序法等三種。而圖形追蹤的定義如下：

> 一個圖形 G=(V,E)，存在某一頂點 v∈V，我們希望從 v 開始，經由此節點相鄰的節點而去拜訪 G 中其他節點，這稱之為「圖形追蹤」。也就是從某一個頂點 V_1 開始，走訪可以經由 V_1 到達的頂點，接著再走訪下一個頂點直到全部的頂點走訪完畢為止。

　　在走訪的過程中可能會重複經過某些頂點及邊線。經由圖形的走訪可以判斷該圖形是否連通，並找出連通單元及路徑。圖形走訪的方法有兩種：「先深後廣走訪」及「先廣後深走訪」。

10-3-1　先深後廣走訪法

　　先深後廣走訪的方式有點類似前序走訪。是從圖形的某一頂點開始走訪，被拜訪過的頂點就做上已拜訪的記號，接著走訪此頂點的所有相鄰且未拜訪過的頂點中的任意一個頂點，並做上已拜訪的記號，再以該點為新的起點繼續進行先深後廣的搜尋。

　　這種圖形追蹤方法結合了遞迴及堆疊兩種資料結構的技巧，由於此方法會造成無窮迴路，所以必須加入一個變數，判斷該點是否已經走訪完畢。我們以下圖來看看這個方法的走訪過程：

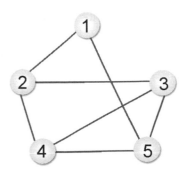

STEP ❶ 以頂點 1 為起點，將相鄰的頂點 2 及頂點 5 放入堆疊。

⑤	②			

STEP ❷ 取出頂點 2，將與頂點 2 相鄰且未拜訪過的頂點 3 及頂點 4 放入堆疊。

⑤	④	③		

STEP ❸ 取出頂點 3，將與頂點 3 相鄰且未拜訪過的頂點 4 及頂點 5 放入堆疊。

⑤	④	⑤	④	

STEP ❹ 取出頂點 4，將與頂點 4 相鄰且未拜訪過的頂點 5 放入堆疊。

⑤	④	⑤	⑤	

STEP ❺ 取出頂點 5，將與頂點 5 相鄰且未拜訪過的頂點放入堆疊，各位可以發現與頂點 5 相鄰的頂點全部被拜訪過，所以無需再放入堆疊。

⑤	④	⑤		

STEP ❻ 將堆疊內的值取出並判斷是否已經走訪過了，直到堆疊內無節點可走訪為止。

故先深後廣的走訪順序為：**頂點 1、頂點 2、頂點 3、頂點 4、頂點 5。**

深度優先函數的演算法如下：

```
def dfs(current):                    # 深度優先函數
    run[current]=1
    print('[%d] ' %current, end='')
    ptr=head[current].next
    while ptr!=None:
        if run[ptr.val]==0:          # 如果頂點尚未走訪，
            dfs(ptr.val)             # 就進行 dfs 的遞迴呼叫
        ptr=ptr.next
```

範例 **ch10_04.py** ▍ 請將上圖的先深後廣搜尋法，以 **Python** 程式實作，其中圖形陣列如下：

```
data=[[1,2],[2,1],[1,3],[3,1], \
      [2,4],[4,2],[2,5],[5,2], \
      [3,6],[6,3],[3,7],[7,3], \
      [4,8],[8,4],[5,8],[8,5], \
      [6,8],[8,6],[8,7],[7,8]]
```

```
01  class list_node:
02      def __init__(self):
03          self.val=0
04          self.next=None
05
06  head=[list_node()]*9              # 宣告一個節點型態陣列
07
08  run=[0]*9
09
10  def dfs(current):                 # 深度優先函數
11      run[current]=1
12      print('[%d] ' %current, end='')
13      ptr=head[current].next
14      while ptr!=None:
15          if run[ptr.val]==0:       # 如果頂點尚未走訪，
16              dfs(ptr.val)          # 就進行 dfs 的遞迴呼叫
17          ptr=ptr.next
18
19  # 圖形邊線陣列宣告
20  data=[[1,2],[2,1],[1,3],[3,1], \
21        [2,4],[4,2],[2,5],[5,2], \
22        [3,6],[6,3],[3,7],[7,3], \
23        [4,8],[8,4],[5,8],[8,5], \
24        [6,8],[8,6],[8,7],[7,8]]
25  for i in range(1,9):              # 共有八個頂點
26      run[i]=0                      # 設定所有頂點成尚未走訪過
27      head[i]=list_node()
28      head[i].val=i                 # 設定各個串列首的初值
29      head[i].next=None
30      ptr=head[i]                   # 設定指標為串列首
31      for j in range(20):           # 二十條邊線
```

```
32              if data[j][0]==i:               # 如果起點和串列首相等，則把頂點加入串列
33                  newnode=list_node()
34                  newnode.val=data[j][1]
35                  newnode.next=None
36                  while True:
37                      ptr.next=newnode        # 加入新節點
38                      ptr=ptr.next
39                      if ptr.next==None:
40                          break
41
42
43  print('圖形的鄰接串列內容：')                  # 列印圖形的鄰接串列內容
44  for i in range(1,9):
45  ptr=head[i]
46      print('頂點 %d=> ' %i,end='')
47  ptr =ptr.next
48      while ptr!=None:
49          print('[%d] ' %ptr.val,end='')
50  ptr=ptr.next
51  print()
52  print('深度優先走訪頂點：')                    # 列印深度優先走訪的頂點
53  dfs(1)
54  print()
```

🔄 執行結果

```
圖形的鄰接串列內容：
頂點 1=> [2] [3]
頂點 2=> [1] [4] [5]
頂點 3=> [1] [6] [7]
頂點 4=> [2] [8]
頂點 5=> [2] [8]
頂點 6=> [3] [8]
頂點 7=> [3] [8]
頂點 8=> [4] [5] [6] [7]
深度優先走訪頂點：
[1] [2] [4] [8] [5] [6] [3] [7]
```

10-3-2　先廣後深搜尋法

　　之前所談到先深後廣是利用堆疊及遞迴的技巧來走訪圖形，而先廣後深（Breadth-First Search, BFS）走訪方式則是以佇列及遞迴技巧來走訪，也是從圖形的某一頂點開始走訪，被拜訪過的頂點就做上已拜訪的記號。接著走訪此頂點的所有相鄰且未拜訪過的頂點中的任意一個頂點，並做上已拜訪的記號，再以該點為新的起點繼續進行先廣後深的搜尋。我們以右圖來看看 BFS 的走訪過程：

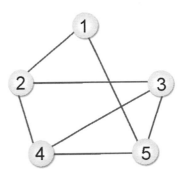

STEP **1** 以頂點 1 為起點，與頂點 1 相鄰且未拜訪過的頂點 2 及頂點 5 放入佇列。

②	⑤			

STEP **2** 取出頂點 2，將與頂點 2 相鄰且未拜訪過的頂點 3 及頂點 4 放入佇列。

⑤	③	④		

STEP **3** 取出頂點 5，將與頂點 5 相鄰且未拜訪過的頂點 3 及頂點 4 放入佇列。

③	④	③	④	

STEP **4** 取出頂點 3，將與頂點 3 相鄰且未拜訪過的頂點 4 放入佇列。

④	③	④	④	

STEP **5** 取出頂點 4，將與頂點 4 相鄰且未拜訪過的頂點放入佇列中，各位可以發現與頂點 4 相鄰的頂點全部被拜訪過，所以無需再放入佇列中。

③	④	④		

STEP **6** 將佇列內的值取出並判斷是否已經
走訪過了，直到佇列內無節點可走
訪為止。

所以，先廣後深的走訪順序為：**頂點 1、頂點 2、頂點 5、頂點 3、頂點 4**。

先廣後深函數的 Python 演算法如下：

```python
# 廣度優先搜尋法
def bfs(current):
    global front
    global rear
    global Head
    global run
    enqueue(current)                      # 將第一個頂點存入佇列
    run[current]=1                        # 將走訪過的頂點設定為 1
    print('[%d]' %current, end='')        # 印出該走訪過的頂點
    while front!=rear:                     # 判斷目前是否為空佇列
        current=dequeue()                 # 將頂點從佇列中取出
        tempnode=Head[current].first      # 先記錄目前頂點的位置
        while tempnode!=None:
            if run[tempnode.x]==0:
                enqueue(tempnode.x)
                run[tempnode.x]=1         # 記錄已走訪過
                print('[%d]' %tempnode.x,end='')
            tempnode=tempnode.next
```

範例 **ch10_05.py** ▎請將上述的先廣後深搜尋法，以 **Python** 程式實作，其
中圖形陣列如下：

```
Data =[[1,2],[2,1],[1,3],[3,1],[2,4], \
      [4,2],[2,5],[5,2],[3,6],[6,3], \
      [3,7],[7,3],[4,5],[5,4],[6,7],[7,6],[5,8],[8,5],[6,8],[8,6]]
```

```
01  MAXSIZE=10    # 定義佇列的最大容量
02
03  front=-1                    # 指向佇列的前端
```

```
04   rear=-1                    # 指向佇列的後端
05
06   class Node:
07       def __init__(self,x):
08           self.x=x           # 頂點資料
09           self.next=None     # 指向下一個頂點的指標
10
11   class GraphLink:
12       def __init__(self):
13           self.first=None
14           self.last=None
15
16       def my_print(self):
17           current=self.first
18           while current!=None:
19               print('[%d]' %current.x,end='')
20               current=current.next
21           print()
22
23       def insert(self,x):
24           newNode=Node(x)
25           if self.first==None:
26               self.first=newNode
27               self.last=newNode
28           else:
29               self.last.next=newNode
30               self.last=newNode
31
32   # 佇列資料的存入
33   def enqueue(value):
34       global MAXSIZE
35       global rear
36       global queue
37       if rear>=MAXSIZE:
38           return
39       rear+=1
40       queue[rear]=value
41
42
43   # 佇列資料的取出
44   def dequeue():
45       global front
```

```
46      global queue
47      if front==rear:
48          return -1
49      front+=1
50      return queue[front]
51
52  # 廣度優先搜尋法
53  def bfs(current):
54      global front
55      global rear
56      global Head
57      global run
58      enqueue(current)                    # 將第一個頂點存入佇列
59      run[current]=1                      # 將走訪過的頂點設定為 1
60      print('[%d]' %current, end='')      # 印出該走訪過的頂點
61      while front!=rear:                  # 判斷目前是否為空佇列
62          current=dequeue()              # 將頂點從佇列中取出
63          tempnode=Head[current].first   # 先記錄目前頂點的位置
64          while tempnode!=None:
65              if run[tempnode.x]==0:
66                  enqueue(tempnode.x)
67                  run[tempnode.x]=1       # 記錄已走訪過
68                  print('[%d]' %tempnode.x,end='')
69              tempnode=tempnode.next
70
71  # 圖形邊線陣列宣告
72  Data=[[0]*2 for row in range(20)]
73
74  Data =[[1,2],[2,1],[1,3],[3,1],[2,4], \
75         [4,2],[2,5],[5,2],[3,6],[6,3], \
76         [3,7],[7,3],[4,5],[5,4],[6,7],[7,6],[5,8],[8,5],[6,8],[8,6]]
77
78  run=[0]*9 # 用來記錄各頂點是否走訪過
79  queue=[0]*MAXSIZE
80  Head=[GraphLink]*9
81
82  print('圖形的鄰接串列內容：') # 列印圖形的鄰接串列內容
83  for i in range(1,9):   # 共有 8 個頂點
84      run[i]=0 # 設定所有頂點成尚未走訪過
85      print('頂點 %d=>' %i,end='')
86      Head[i]=GraphLink()
87      for j in range(20):
```

```
88              if Data[j][0]==i:       # 如果起點和串列首相等，則把頂點加入串列
89                  DataNum = Data[j][1]
90                  Head[i].insert(DataNum)
91          Head[i].my_print()          # 列印圖形的鄰接串列內容
92
93  print('廣度優先走訪頂點：')          # 列印廣度優先走訪的頂點
94  bfs(1)
95  print()
```

⟳ 執行結果

```
圖形的鄰接串列內容：
頂點1=>[2][3]
頂點2=>[1][4][5]
頂點3=>[1][6][7]
頂點4=>[2][5]
頂點5=>[2][4][8]
頂點6=>[3][7][8]
頂點7=>[3][6]
頂點8=>[5][6]
廣度優先走訪頂點：
[1][2][3][4][5][6][7][8]
```

10-4 最小花費擴張樹（MST）

　　擴張樹又稱「花費樹」或「值樹」，一個
圖形的擴張樹（Spanning Tree）就是以最少的
邊來連結圖形中所有的頂點，且不造成循環
（Cycle）的樹狀結構。假設在樹的邊加上一個
權重（Weight）值，這種圖形就成為「加權圖形
（Weighted Graph）」。如果這個權重值代表兩個
頂點間的距離（Distance）或成本（Cost），這類
圖形就稱為網路（Network）。如右圖所示：

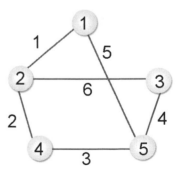

假如想知道從某個點到另一個點間的路徑成本，例如由頂點 1 到頂點 5 有 (1+2+3)、(1+6+4) 及 5 這三個路徑成本，而「最小成本擴張樹（Minimum Cost Spanning Tree）」則是路徑成本為 5 的擴張樹。請看下圖說明：

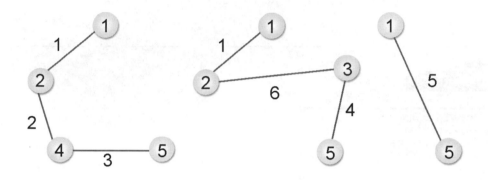

一個加權圖形中如何找到最小成本擴張樹是相當重要，因為許多工作都可以由圖形來表示，例如從高雄到花蓮的距離或花費等。接著將介紹以所謂「貪婪法則」（Greedy Rule）為基礎，來求得一個無向連通圖形的最小花費樹的常見建立方法，分別是 Prim's 演算法及 Kruskal's 演算法。

10-4-1　Prim 演算法

Prim 演算法又稱 P 氏法，對一個加權圖形 G=(V,E)，設 V={1,2,......n}，假設 U={1}，也就是說，U 及 V 是兩個頂點的集合。

然後從 U-V 差集所產生的集合中找出一個頂點 x，該頂點 x 能與 U 集合中的某點形成最小成本的邊，且不會造成迴圈。然後將頂點 x 加入 U 集合中，反覆執行同樣的步驟，一直到 U 集合等於 V 集合（即 U=V）為止。

接下來，我們將實際利用 P 氏法求出下圖的最小擴張樹。

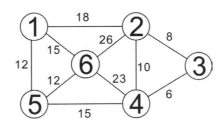

從此圖形中可得 V={1,2,3,4,5,6},U=1

從 V－U={2,3,4,5,6} 中找一頂點與 U 頂點能形成最小成本邊，得

V－U={2,3,4,6} U={1,5}

從 V－U 中頂點找出與 U 頂點能形成最小成本的邊，得

且 U={1,5,6}，V－U={2,3,4}

同理，找到頂點 4

U={1,5,6,4} V － U={2,3}

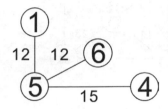

同理，找到頂點 3

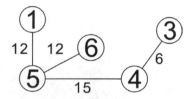

同理，找到頂點 2

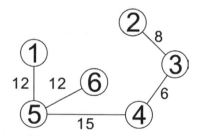

10-4-2 Kruskal 演算法

Kruskal 演算法是將各邊線依權值大小由小到大排列，接著從權值最低的邊線開始架構最小成本擴張樹，如果加入的邊線會造成迴路則捨棄不用，直到加入了 n-1 個邊線為止。

　　這方法看起來似乎不難，我們直接來看如何以 K 氏法得到範例下圖中最小成本擴張樹：

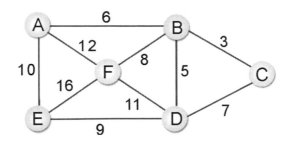

STEP **1** 把所有邊線的成本列出並由小到大排序。

起始頂點	終止頂點	成本
B	C	3
B	D	5
A	B	6
C	D	7
B	F	8
D	E	9
A	E	10
D	F	11
A	F	12
E	F	16

STEP 2 選擇成本最低的一條邊線作為架構最小成本擴張樹的起點。

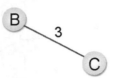

STEP 3 依步驟 1 所建立的表格，依序加入邊線。

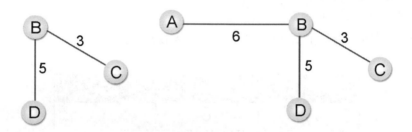

STEP 4 C－D 加入會形成迴路，所以直接跳過。

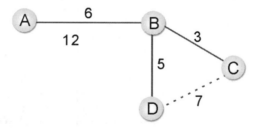

完成圖

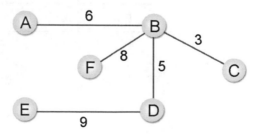

Kruskal 法的 Python 演算法：

```
VERTS=6                                        # 圖形頂點數

class edge:                                    # 邊的組成宣告
    def __init__(self):
        self.start=0
        self.to=0
        self.find=0
        self.val=0
        self.next=None

v=[0]*(VERTS+1)


def findmincost(head):                         # 搜尋成本最小的邊
    minval=100
    ptr=head
    while ptr!=None:
        if ptr.val<minval and ptr.find==0:     # 假如 ptr.val 的值小於 minval
            minval=ptr.val                     # 就把 ptr.val 設為最小值
            retptr=ptr                         # 並且把 ptr 紀錄下來
        ptr=ptr.next
    retptr.find=1                              # 將 retptr 設為已找到的邊
    return retptr                              # 傳回 retptr


def mintree(head):                             # 最小成本擴張樹函數
    global VERTS
    result=0
    ptr=head
    for i in range(VERTS):
        v[i]=0
    while ptr!=None:
        mceptr=findmincost(head)
        v[mceptr.start]=v[mceptr.start]+1
        v[mceptr.to]=v[mceptr.to]+1
        if v[mceptr.start]>1 and v[mceptr.to]>1:
            v[mceptr.start]=v[mceptr.start]-1
            v[mceptr.to]=v[mceptr.to]-1
            result=1
```

```
        else:
            result=0
        if result==0:
            print(' 起始頂點 [%d] -> 終止頂點 [%d] -> 路徑長度 [%d]' \
                % (mceptr.start,mceptr.to,mceptr.val))
ptr=ptr.next
```

範例 **ch10_06.py** ▌ 以下將利用一個二維陣列儲存並排序 **K** 氏法的成本表，試設計一 **Python** 程式來求取最小成本花費樹，二維陣列如下：

```
data=[[1,2,6],[1,6,12],[1,5,10],[2,3,3], \
      [2,4,5],[2,6,8],[3,4,7],[4,6,11], \
      [4,5,9],[5,6,16]]
```

```
01  VERTS=6                                    # 圖形頂點數
02
03  class edge:                                # 邊的組成宣告
04      def __init__(self):
05          self.start=0
06          self.to=0
07          self.find=0
08          self.val=0
09          self.next=None
10
11  v=[0]*(VERTS+1)
12
13
14  def findmincost(head):                     # 搜尋成本最小的邊
15  minval=100
16  ptr=head
17      while ptr!=None:
18          if ptr.val<minval and ptr.find==0: # 假如 ptr.val 的值小於 minval
19              minval=ptr.val                 # 就把 ptr.val 設為最小值
20              retptr=ptr                     # 並且把 ptr 紀錄下來
21          ptr=ptr.next
22      retptr.find=1                          # 將 retptr 設為已找到的邊
23      return retptr                          # 傳回 retptr
24
25
```

```
26  def mintree(head):                        # 最小成本擴張樹函數
27      global VERTS
28      result=0
29      ptr=head
30      for i in range(VERTS):
31          v[i]=0
32      while ptr!=None:
33          mceptr=findmincost(head)
34          v[mceptr.start]=v[mceptr.start]+1
35          v[mceptr.to]=v[mceptr.to]+1
36          if v[mceptr.start]>1 and v[mceptr.to]>1:
37              v[mceptr.start]=v[mceptr.start]-1
38              v[mceptr.to]=v[mceptr.to]-1
39              result=1
40          else:
41              result=0
42          if result==0:
43              print(' 起始頂點 [%d] -> 終止頂點 [%d] -> 路徑長度 [%d]' \
44                    %(mceptr.start,mceptr.to,mceptr.val))
45  ptr=ptr.next
46
47  # 成本表陣列
48  data=[[1,2,6],[1,6,12],[1,5,10],[2,3,3], \
49        [2,4,5],[2,6,8],[3,4,7],[4,6,11], \
50        [4,5,9],[5,6,16]]
51  head=None
52  # 建立圖形串列
53  for i in range(10):
54      for j in range(1,VERTS+1):
55          if data[i][0]==j:
56              newnode=edge()
57              newnode.start=data[i][0]
58              newnode.to=data[i][1]
59              newnode.val=data[i][2]
60              newnode.find=0
61              newnode.next=None
62              if head==None:
63                  head=newnode
64                  head.next=None
65                  ptr=head
66              else:
67                  ptr.next=newnode
```

```
68                    ptr=ptr.next
69
70   print('------------------------------------------------')
71   print(' 建立最小成本擴張樹：')
72   print('------------------------------------------------')
73   mintree(head)                          # 建立最小成本擴張樹
```

執行結果

```
------------------------------------------------
建立最小成本擴張樹：
------------------------------------------------
起始頂點 [2] -> 終止頂點 [3] -> 路徑長度 [3]
起始頂點 [2] -> 終止頂點 [4] -> 路徑長度 [5]
起始頂點 [1] -> 終止頂點 [2] -> 路徑長度 [6]
起始頂點 [2] -> 終止頂點 [6] -> 路徑長度 [8]
起始頂點 [4] -> 終止頂點 [5] -> 路徑長度 [9]
```

10-5 圖形最短路徑法

在一個有向圖形 G=(V,E)，G 中每一個邊都有一個比例常數 W（Weight）與之對應，如果想求 G 圖形中某一個頂點 V_0 到其他頂點的最少 W 總和之值，這類問題就稱為最短路徑問題（The Shortest Path Problem）。由於交通運輸工具的便利與普及，所以兩地之間有發生運送或者資訊的傳遞下，最短路徑（Shortest Path）的問題隨時都可能因應需求而產生，簡單來說，就是找出兩個端點間可通行的捷徑。

許多大眾運輸系統都必須運用到最短路徑的理論

我們在上節中所說明的花費最少擴張樹（MST），是計算連繫網路中每一個頂點所需的最少花費，但連繫樹中任兩頂點的路徑倒不一定是一條花費最少

的路徑，這也是本節將研究最短路徑問題的主要理由。以下是在討論最短路徑常見的演算法。

10-5-1 Dijkstra 演算法與 A* 演算法

一個頂點到多個頂點通常使用 Dijkstra 演算法求得，Dijkstra 的演算法如下：

假設 $S=\{V_i|V_i \in V\}$，且 V_i 在已發現的最短路徑，其中 $V_0 \in S$ 是起點。

假設 $w \notin S$，定義 Dist(w) 是從 V_0 到 w 的最短路徑，這條路徑除了 w 外必屬於 S。且有下列幾點特性：

① 如果 u 是目前所找到最短路徑之下一個節點，則 u 必屬於 **V-S** 集合中最小花費成本的邊。

② 若 u 被選中，將 u 加入 S 集合中，則會產生目前的由 V_0 到 u 最短路徑，對於 $w \notin S$，DIST(w) 被改變成 DIST(w) ← Min{DIST(w),DIST(u)+COST(u,w)}

從上述的演算法我們可以推演出如下的步驟：

STEP 1
> G=(V,E)
>
> D[k]=A[F,k] 其中 k 從 1 到 N
>
> S={F}
>
> V={1,2,……N}

D 為一個 N 維陣列用來存放某一頂點到其他頂點最短距離。

F 表示起始頂點。

A[F,I] 為頂點 F 到 I 的距離。

V 是網路中所有頂點的集合。

E 是網路中所有邊的組合。

S 也是頂點的集合，其初始值是 S={F}。

STEP **2** 從 V − S 集合中找到一個頂點 x，使 D(x) 的值為最小值，並把 x 放入 S 集合中。

STEP **3** 依下列公式

D[I]=min(D[I],D[x]+A[x,I])

其中 (x,I)∈E 來調整 D 陣列的值，其中 I 是指 x 的相鄰各頂點。

STEP **4** 重複執行步驟 2，一直到 V − S 是空集合為止。

我們直接來看一個例子，請找出下圖中，頂點 5 到各頂點間的最短路徑。

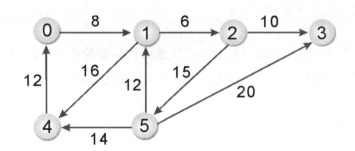

做法相當簡單，首先由頂點 5 開始，找出頂點 5 到各頂點間最小的距離，到達不了以∞表示。步驟如下：

STEP **1** D[0]=∞,D[1]=12,D[2]=∞, D[3]=20,D[4]=14。在其中找出值最小的頂點，加入 S 集合中：D[1]。

STEP **2** D[0]= ∞,D[1]=12,D[2]=18,D[3]=20,D[4]=14。D[4] 最小，加入 S 集合中。

STEP **3** D[0]=26,D[1]=12,D[2]=18,D[3]=20,D[4]=14。D[2] 最小，加入 S 集合中。

STEP 4 D[0]=26,D[1]=12,D[2]=18,D[3]=20,D[4]=14。D[3] 最小，加入 S 集合中。

STEP 5 加入最後一個頂點即可到下表：

步驟	S	0	1	2	3	4	5	選擇
1	5	∞	12	∞	20	14	0	1
2	5,1	∞	12	18	20	14	0	4
3	5,1,4	26	12	18	20	14	0	2
4	5,1,4,2	26	12	18	20	14	0	3
5	5,1,4,2,3	26	12	18	20	14	0	0

由頂點 5 到其他各頂點的最短距離為：

頂點 5 －頂點 0：26

頂點 5 －頂點 1：12

頂點 5 －頂點 2：18

頂點 5 －頂點 3：20

頂點 5 －頂點 4：14

範例 **ch10_07.py** ▌ 請設計一 Python 程式，以 Dijkstra 演算法來求取下列

圖形成本陣列中，頂點 1 對全部圖形頂點間的最短路徑：

```
Path_Cost = [ [1, 2, 29], [2, 3, 30],[2, 4, 35], \
              [3, 5, 28],[3, 6, 87],[4, 5, 42], \
              [4, 6, 75],[5, 6, 97]]
```

```
01  SIZE=7
02  NUMBER=6
03  INFINITE=99999 # 無窮大
```

```
04
05  Graph_Matrix=[[0]*SIZE for row in range(SIZE)]  # 圖形陣列
06  distance=[0]*SIZE   # 路徑長度陣列
07
08  def BuildGraph_Matrix(Path_Cost):
09      for i in range(1,SIZE):
10          for j in range(1,SIZE):
11              if i == j :
12                  Graph_Matrix[i][j] = 0 # 對角線設為 0
13              else:
14                  Graph_Matrix[i][j] = INFINITE
15      # 存入圖形的邊線
16      i=0
17      while i<SIZE:
18          Start_Point = Path_Cost[i][0]
19          End_Point = Path_Cost[i][1]
20          Graph_Matrix[Start_Point][End_Point]=Path_Cost[i][2]
21          i+=1
22
23
24  # 單點對全部頂點最短距離
25  def shortestPath(vertex1, vertex_total):
26  shortest_vertex = 1 # 紀錄最短距離的頂點
27      goal=[0]*SIZE   # 用來紀錄該頂點是否被選取
28      for i in range(1,vertex_total+1):
29          goal[i] = 0
30          distance[i] = Graph_Matrix[vertex1][i]
31      goal[vertex1] = 1
32      distance[vertex1] = 0
33      print()
34
35      for i in range(1,vertex_total):
36          shortest_distance = INFINITE
37          for j in range(1,vertex_total+1):
38              if goal[j]==0 and shortest_distance>distance[j]:
39                  shortest_distance=distance[j]
40                  shortest_vertex=j
41
42          goal[shortest_vertex] = 1
43          # 計算開始頂點到各頂點最短距離
44          for j in range(vertex_total+1):
45              if goal[j] == 0 and \
```

```
46                     distance[shortest_vertex]+Graph_Matrix[shortest_vertex][j] \
47  <distance[j]:
48                     distance[j]=distance[shortest_vertex] \
49                     +Graph_Matrix[shortest_vertex][j]
50
51  # 主程式
52  global Path_Cost
53  Path_Cost = [ [1, 2, 29], [2, 3, 30],[2, 4, 35], \
54                     [3, 5, 28],[3, 6, 87],[4, 5, 42], \
55                     [4, 6, 75],[5, 6, 97]]
56
57  BuildGraph_Matrix(Path_Cost)
58  shortestPath(1,NUMBER) # 找尋最短路徑
59  print('------------------------------')
60  print(' 頂點 1 到各頂點最短距離的最終結果 ')
61  print('------------------------------')
62  for j in range(1,SIZE):
63      print(' 頂點 1到頂點 %2d 的最短距離 =%3d' %(j,distance[j]))
64  print('------------------------------')
65  print()
```

執行結果

```
------------------------------
頂點1到各頂點最短距離的最終結果
------------------------------
頂點 1到頂點 1的最短距離=   0
頂點 1到頂點 2的最短距離= 29
頂點 1到頂點 3的最短距離= 59
頂點 1到頂點 4的最短距離= 64
頂點 1到頂點 5的最短距離= 87
頂點 1到頂點 6的最短距離=139
------------------------------
```

A* 演算法

前面所介紹的 Dijkstra's 演算法在尋找最短路徑的過程中算是一個較不具效率的作法，那是因為這個演算法在尋找起點到各頂點的距離的過程中，不論哪一個頂點，都要實際去計算起點與各頂點間的距離，來取得最後的一個判斷，到底哪一個頂點距離與起點最近。

也就是說 Dijkstra's 演算法在帶有權重值（cost value）的有向圖形間的最短路徑的尋找方式，只是簡單地做廣度優先的搜尋工作，完全忽略許多有用的資訊，這種搜尋演算法會消耗許多系統資源，包括 CPU 時間與記憶體空間。其實如果能有更好的方式幫助我們預估從各頂點到終點的距離，善加利用這些資訊，就可以預先判斷圖形上有哪些頂點離終點的距離較遠，而直接略過這些頂點的搜尋，這種更有效率的搜尋演算法，絕對有助於程式以更快的方式決定最短路徑。

在這種需求的考量下，A* 演算法可以說是一種 Dijkstra's 演算法的改良版，它結合了在路徑搜尋過程中從起點到各頂點的「實際權重」，及各頂點預估到達終點的「推測權重」（或稱為試探權重 heuristic cost）兩項因素，這個演算法可以有效減少不必要的搜尋動作，以提高搜尋最短路徑的效率。

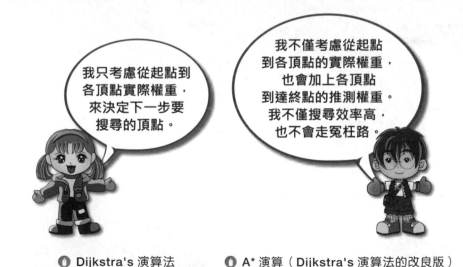

🔘 Dijkstra's 演算法　　　🔘 A* 演算（Dijkstra's 演算法的改良版）

因此 A* 演算法也是一種最短路徑演算法，和 Dijkstra's 演算法不同的是，A* 演算法會預先設定一個「推測權重」，並在找尋最短路徑的過程中，將「推測權重」一併納入決定最短路徑的考慮因素。所謂「推測權重」就是根據事先

知道的資訊來給定一個預估值，結合這個預估值，A* 演算法可以更有效率搜尋最短路徑。

　　例如在尋找一個已知「起點位置」與「終點位置」的迷宮之最短路徑問題中，因為事先知道迷宮的終點位置，所以可以採用頂點和終點的歐氏幾何平面直線距離（Euclidean distance，即數學定義中的平面兩點間的距離）作為該頂點的推測權重。

TIPS　**有哪些常見的距離評估函數**

　　在 A* 演算法用來計算推測權重的距離評估函數，除了上面所提到的歐氏幾何平面距離，還有許多的距離評估函數可供選擇，例如曼哈頓距離（Manhattan distance）和切比雪夫距離（Chebysev distance）等。對於二維平面上的二個點 (x1,y1) 和 (x2,y2)，這三種距離的計算方式如下：

- 曼哈頓距離（Manhattan distance）

  $D=|x1-x2|+|y1-y2|$

- 切比雪夫距離（Chebysev distance）

  $D=\max(|x1-x2|,|y1-y2|)$

- 歐氏幾何平面直線距離（Euclidean distance）

  $D=\sqrt{(x1-x2)^2+(y1-y2)^2}$

　　A* 演算法並不像 Dijkstra's 演算法，單一考慮只從起點到這個頂點的實際權重（或更具來說就是實際距離）來決定下一步要嘗試的頂點。比較不同的作法是，A* 演算法在計算從起點到各頂點的權重，會同步考慮從起點到這個頂點的實際權重，再加上該頂點到終點的推測權重，以推估出該頂點從起點到終點的權重。再從其中選出一個權重最小的頂點，並將該頂點標示為已搜尋完畢。接著再計算從搜尋完畢的點出發到各頂點的權重，並再從其中選出一個權重最小的點，依循前面同樣的作法，並將該頂點標示為已搜尋完畢的頂點，以此類

推…，反覆進行同樣的步驟，一直到抵達終點，才結束搜尋的工作，就可以得到最短路徑的最佳解答。

做個簡單的總結，實作 A* 演算法的主要步驟，摘要如下：

STEP 1 首先決定各頂點到終點的「推測權重」。「推測權重」的計算方式可以採用各頂點和終點之間的直線距離，並採用四捨五入後的值，直線距離的計算函數，可從上述三種距離的計算方式擇一。

STEP 2 分別計算從起點可抵達的各個頂點的權重，其計算方式是由起點到該頂點的「實際權重」，加上該頂點抵達終點的「推測權重」。計算完畢後，選出權重最小的點，並標示為搜尋完畢的點。

STEP 3 接著計算從搜尋完畢的點出發到各點的權重，並再從其中選出一個權重最小的點，並再將其標示為搜尋完畢的點。以此類推…，反覆進行同樣的計算過程，一直到抵達最後的終點。

A* 演算法適用於可以事先獲得或預估各頂點到終點距離的情況，但是萬一無法取得各頂點到目的地終點的距離資訊時，就無法使用 A* 演算法。雖然說 A* 演算法是一種 Dijkstra's 演算法的改良版，但並不是指任何情況下 A* 演算法效率一定優於 Dijkstra's 演算法。例如當「推測權重」的距離和實際兩個頂點間的距離相差甚大時，A* 演算法的搜尋效率可能比 Dijkstra's 演算法都來得差，甚至還會誤導方向，而造成無法得到最短路徑的最終答案。

但是如果推測權重所設定的距離和實際兩個頂點間的真實距離誤差不大時，A* 演算法的搜尋效率就遠大於 Dijkstra's 演算法。因此 A* 演算法常被應用在遊戲軟體開發中的玩家與怪物兩種角色間的追逐行為，或是引導玩家以最有效率的路徑及最便捷的方式，快速突破遊戲關卡。

● **A* 演算法常被應用在遊戲中角色追逐與快速突破關卡的設計**

10-5-2 Floyd 演算法

由於 Dijkstra 的方法只能求出某一點到其他頂點的最短距離，如果要求出圖形中任意兩點甚至所有頂點間最短的距離，就必須使用 Floyd 演算法。

Floyd 演算法定義：

① $A^k[i][j]=min\{A^{k-1}[i][j],A^{k-1}[i][k]+A^{k-1}[k][j]\}$，$k \geqq 1$

k 表示經過的頂點，$A^k[i][j]$ 為從頂點 i 到 j 的經由 k 頂點的最短路徑。

② $A^0[i][j]=COST[i][j]$（即 A^0 便等於 COST），A^0 為頂點 i 到 j 間的直通距離。

③ $A^n[i,j]$ 代表 i 到 j 的最短距離，即 A^n 便是我們所要求的最短路徑成本矩陣。

這樣看起來似乎覺得 Floyd 演算法相當複雜難懂，我們將直接以實例說明它的演算法則。例如試以 Floyd 演算法求得下圖各頂點間的最短路徑：

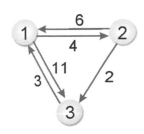

STEP 1 找到 $A^0[i][j]=COST[i][j]$，A^0 為不經任何頂點的成本矩陣。若沒有路徑則以 ∞（無窮大）表示。

$$\begin{array}{c|ccc} A^0 & 1 & 2 & 3 \\ \hline 1 & 0 & 4 & 11 \\ 2 & 6 & 0 & 2 \\ 3 & 3 & \infty & 0 \end{array}$$

STEP 2 找出 $A^1[i][j]$ 由 i 到 j，經由頂點①的最短距離，並填入矩陣。

$A^1[1][2] = \min\{A^0[1][2], A^0[1][1]+A^0[1][2]\}$

$\qquad\quad = \min\{4,0+4\}=4$

$A^1[1][3] = \min\{A^0[1][3], A^0[1][1]+A^0[1][3]\}$

$\qquad\quad = \min\{11,0+11\}=11$

$A^1[2][1] = \min\{A^0[2][1], A^0[2][1]+A^0[1][1]\}$

$\qquad\quad = \min\{6,6+0\}=6$

$A^1[2][3] = \min\{A^0[2][3], A^0[2][1]+A^0[1][3]\}$

$\qquad\quad = \min\{2,6+11\}=2$

$A^1[3][1] = \min\{A^0[3][1], A^0[3][1]+A^0[1][1]\}$

$\qquad\quad = \min\{3,3+0\}=3$

$A^1[3][2] = \min\{A^0[3][2], A^0[3][1]+A^0[1][2]\}$

$\qquad\quad = \min\{\infty,3+4\}=7$

依序求出各頂點的值後可以得到 A^1 矩陣：

$$
\begin{array}{c|ccc}
A^1 & 1 & 2 & 3 \\
\hline
1 & 0 & 4 & 11 \\
2 & 6 & 0 & 2 \\
3 & 3 & 7 & 0
\end{array}
$$

STEP 3 求出 $A^2[i][j]$ 經由頂點②的最短距離。

$A^2[1][2] = \min\{A^1[1][2], A^1[1][2]+A^1[2][2]\}$

$\qquad = \min\{4, 4+0\} = 4$

$A^2[1][3] = \min\{A^1[1][3], A^1[1][2]+A^1[2][3]\}$

$\qquad = \min\{11, 4+2\} = 6$

依序求其他各頂點的值可得到 A^2 矩陣：

$$
\begin{array}{c|ccc}
A^2 & 1 & 2 & 3 \\
\hline
1 & 0 & 4 & 6 \\
2 & 6 & 0 & 2 \\
3 & 3 & 7 & 0
\end{array}
$$

STEP 4 出 $A^3[i][j]$ 經由頂點③的最短距離。

$A^3[1][2] = \min\{A^2[1][2], A^2[1][3]+A^2[3][2]\}$

$\qquad = \min\{4, 6+7\} = 4$

$A^3[1][3] = \min\{A^2[1][3], A^2[1][3]+A^2[3][3]\}$

$\qquad = \min\{6, 6+0\} = 6$

依序求其他各頂點的值可得到 A^3 矩陣：

$$
\begin{array}{c|ccc}
A^3 & 1 & 2 & 3 \\
\hline
1 & 0 & 4 & 6 \\
2 & 5 & 0 & 2 \\
3 & 3 & 7 & 0
\end{array}
$$

完成

所有頂點間的最短路徑為矩陣 A^3 所示。

由上例可知，一個加權圖形若有 n 個頂點，則此方法必須執行 n 次迴圈，逐一產生 $A^1, A^2, A^3, \ldots\ldots A^k$ 個矩陣。但因 Floyd 演算法較為複雜，讀者也可以用上一小節所討論的 Dijkstra 演算法，依序以各頂點為起始頂點，如此一來可以得到相同的結果。

範例 **ch10_08.py** ▎ 請設計一 **Python** 程式，以 **Floyd** 演算法來求取下列圖形成本陣列中，所有頂點兩兩之間的最短路徑，原圖形的鄰接矩陣陣列如下：

```
Path_Cost = [[1, 2,20],[2, 3, 30],[2, 4, 25], \
            [3, 5, 28],[4, 5, 32],[4, 6, 95],[5, 6, 67]]
```

```
01  SIZE=7
02  NUMBER=6
03  INFINITE=99999                              # 無窮大
04
05  Graph_Matrix=[[0]*SIZE for row in range(SIZE)] # 圖形陣列
06  distance=[[0]*SIZE for row in range(SIZE)]     # 路徑長度陣列
07
08  # 建立圖形
```

```
09  def BuildGraph_Matrix(Path_Cost):
10      for i in range(1,SIZE):
11          for j in range(1,SIZE):
12              if i == j :
13                  Graph_Matrix[i][j] = 0 # 對角線設為 0
14              else:
15                  Graph_Matrix[i][j] = INFINITE
16      # 存入圖形的邊線
17      i=0
18      while i<SIZE:
19          Start_Point = Path_Cost[i][0]
20          End_Point = Path_Cost[i][1]
21          Graph_Matrix[Start_Point][End_Point]=Path_Cost[i][2]
22          i+=1
23
24  # 印出圖形
25
26  def shortestPath(vertex_total):
27      # 圖形長度陣列初始化
28      for i in range(1,vertex_total+1):
29          for j in range(i,vertex_total+1):
30              distance[i][j]=Graph_Matrix[i][j]
31              distance[j][i]=Graph_Matrix[i][j]
32
33      # 利用 Floyd 演算法找出所有頂點兩兩之間的最短距離
34      for k in range(1,vertex_total+1):
35          for i in range(1,vertex_total+1):
36              for j in range(1,vertex_total+1):
37                  if distance[i][k]+distance[k][j]<distance[i][j]:
38                      distance[i][j] = distance[i][k] + distance[k][j]
39
40
41  Path_Cost = [[1, 2,20],[2, 3, 30],[2, 4, 25], \
42              [3, 5, 28],[4, 5, 32],[4, 6, 95],[5, 6, 67]]
43  BuildGraph_Matrix(Path_Cost)
44  print('=======================================')
45  print('      所有頂點兩兩之間的最短距離 : ')
46  print('=======================================')
47  shortestPath(NUMBER) # 計算所有頂點的最短路徑
48  # 求得兩兩頂點間的最短路徑長度陣列後，將其印出
49  print('      頂點 1    頂點 2    頂點 3    頂點 4    頂點 5    頂點 6')
50  for i in range(1,NUMBER+1):
```

```
51        print('頂點 %d' %i, end='')
52        for j in range(1,NUMBER+1):
53            print('%5d ' %distance[i][j],end='')
54        print()
55    print('===========================================')
56    print()
```

◎ 執行結果

```
===========================================
     所有頂點兩兩之間的最短距離：
===========================================
        頂點1   頂點2   頂點3   頂點4   頂點5   頂點6
頂點1     0     20     50     45     77    140
頂點2    20      0     30     25     57    120
頂點3    50     30      0     55     28     95
頂點4    45     25     55      0     32     95
頂點5    77     57     28     32      0     67
頂點6   140    120     95     95     67      0
===========================================
```

想一想，怎麼做？

1. 求出下圖的 DFS 與 BFS 結果。

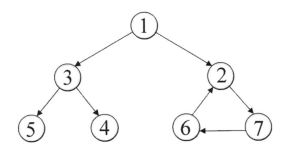

2. 請以 K 氏法求取下圖中最小成本擴張樹。

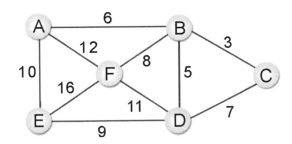

3. 求下圖之拓樸排序。

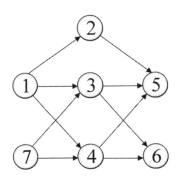

4. 請簡述拓樸排序的步驟。

5. 利用 (1) 深度優先（Depth First）搜尋法；(2) 廣度優先（Breadth First）搜尋法求出 Spanning Tree。

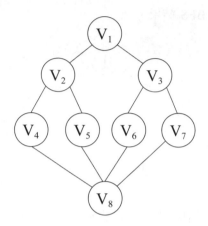

6. 以下所列之樹皆是關於圖形 G 之搜尋樹（Search Tree）。假設所有的搜尋皆始於節點（Node）1。試判定每棵樹是深度優先搜尋樹（Depth-First Search Tree），或廣度優先搜尋樹（Breadth-First Search Tree），或二者皆非。

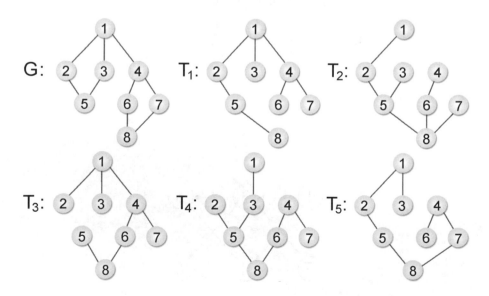

7. 求 V_1、V_2、V_3 任兩頂點之最短距離。並描述其過程。

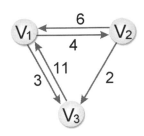

8. 假設在註有各地距離之圖上（單行道），求各地之間之最短距離（Shortest Paths）求下列各題。

(1) 利用距離，將下圖資料儲存起來，請寫出結果。

(2) 寫出所有各地間最短距離執行法。

(3) 寫出最後所得之矩陣，並說明其可表示所求各地間之最短距雜。

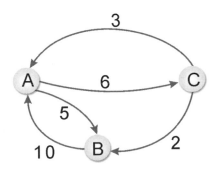

9. 何謂擴張樹？擴張樹應該包含哪些特點？

10. 在求得一個無向連通圖形的最小花費樹 Prim's 演算法的主要作法為何？試簡述之。

11. 求得一個無向連通圖形的最小花費樹 Kruskal 演算法的主要作法為何？試簡述之。

MEMO

11 AI 高手鐵了心都要 學的神級演算法

>> 機器學習簡介

>> 認識深度學習

人工智慧,簡單來說,就是任何讓電腦能夠表現出「類似人類智慧行為」的科技,人工智慧的原理是認定智慧源自於人類理性反應的過程而非結果,即是來自於以經驗為基礎的推理步驟與演算法,那麼可以把經驗當作電腦執行推理的規則或事實,並使用電腦可以接受與處理的型式來表達,這樣電腦也可以發展與進行一些近似人類思考模式的推理流程。

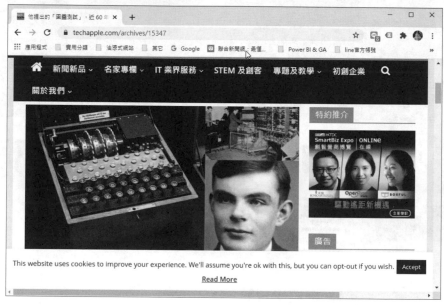

🔵 **Alan Turing 為機器開始設立了是否具有智慧的判斷標準**

TIPS 西元 1950 年可以算是 AI 啟萌期的開始,一位英國著名數學家 Alan Turing 首先提出「圖靈測試」(Turing Test)的說法,他算是第一位認真探討人工智慧標準的人物,圖靈測試的理論是如果一台機器能夠與人類展開對話,而不被看出是機器的身分時,就算通過這項測試,便能宣稱該機器擁有智慧。

🔘 **NVIDIA** 的 **GPU** 在人工智慧運算領域中佔有領導地位

　　人工智慧（Artificial Intelligence）主要就是要讓機器能夠具備人類的思考邏輯與行為模式，近十年來人工智慧的應用領域愈來愈廣泛，當然關鍵因素就是圖形處理器（Graphics Processing Unit, GPU）等關鍵技術與先進演算法的高速發展 GPU 內含有數千個小型且更高效率的 CPU，不但能有效處理平行處理（Parallel Processing），加上 GPU 是以向量和矩陣運算為基礎，大量的矩陣運算可以分配給這些為數眾多的核心同步進行處理，也使得人工智慧領域正式進入實用階段，藉以加速科學、分析、遊戲、消費和人工智慧應用。

> **TIPS** 平行處理（Parallel Processing）技術是同時使用多個處理器來執行單一程式，藉以縮短運算時間。其過程會將資料以各種方式交給每一顆處理器，為了實現在多核心處理器上程式性能的提升，還必須將應用程式分成多個執行緒來執行。

11-1 機器學習簡介

機器學習（Machine Learning, ML）是 AI 發展相當重要的一環，顧名思義，就是讓機器（電腦）具備自己學習、分析並最終進行輸出的能力，主要的作法就是針對所要分析的資料進行「分類」（Classification），有了這些分類才可以進一步分析與判斷資料的特性，最終的目的就是希望讓機器（電腦）像人類一樣具有學習能力的話。

❶ 人臉辯識系統就是機器學習的常見應用

機器學習的演算法很多，主要區分成四種學習演算法：監督式學習（Supervised learning）、非監督式學習（Un-supervised learning）、半監督式學習（Semi-supervised learning）及強化學習（Reinforcement learning）。

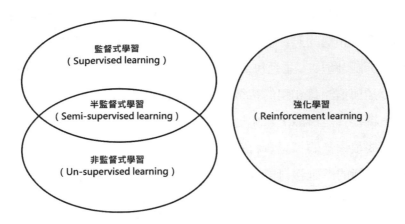

機器學習的四種學習演算法

11-1-1　監督式學習演算法

監督式學習（Supervised learning）是利用機器從標籤化（labeled）的資料中分析模式後做出預測的學習方式，這種學習方式必須要事前透過人工作業，將所有可能的特徵標記起來。因為在訓練的過程中，所有的資料都是有「標籤」的資料，學習的過程中必須給予輸入樣本以及輸出樣本資訊，再從訓練資料中擷取出資料的特徵（Features）幫助我們判讀出目標。

例如今天我們要讓機器學會如何分辨一張照片上的動物是雞還是鴨，首先必須準備很多雞和鴨的照片，並標示出哪一張是雞哪一張是鴨，例如我們先選出 1000 張的雞鴨圖片，並且每一張都註明哪個是雞哪個是鴨，讓機器可以藉由標籤來分類與偵測雞和鴨的特徵，以後只要詢問機器中的任何一張照片中是雞還是鴨，機器就能辨識出雞和鴨並進行預測。由於標籤是需要人工再另外標記，因此需要很大量的標記資料庫，才能發揮作用，標記過的資料就好比標準答案，機器判斷的準確性自然會比較高，不過在實際應用中，將大量的資料進行標籤是極為耗費人工與成本的工作。

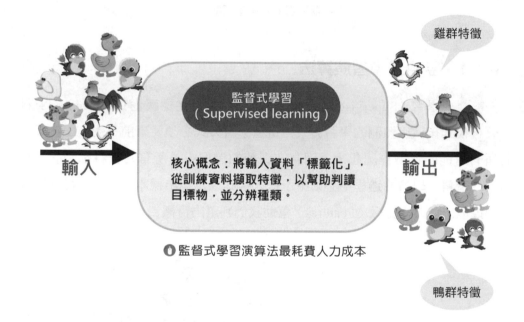

❶ 監督式學習演算法最耗費人力成本

11-1-2 半監督式學習演算法

半監督式學習（Semi-supervised learning）只會針對少部分資料進行「標籤化」的動作，然後先針對這些已經被「標籤化」的資料去發現該資料的特徵，機器只要透過有標籤的資料找出特徵並對其他的資料進行分類。舉例來說，我

們有 2000 位不同國籍人士的相片，我們可以將其中的 50 張相片進行「標籤化」(Label)，並將這些相片進行分類，機器再透過這已學習到的 50 張照片的特徵，再去比對剩下的 1950 張照片，並進行辨識及分類，就能找出哪些是爸爸或媽媽的相片，由於這種半監督式機器學習的方式已有相片特徵作為辨識的依據，因此預測出來的結果通常會比非監督式學習成果較佳。

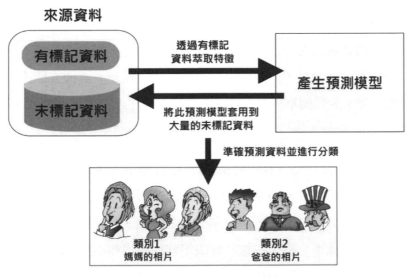

❶ 半監督式學習預測結果會比非監督式學習較佳

11-1-3　非監督式學習與 K- 平均演算法

　　非監督式學習 (Un-supervised learning) 中所有資料都沒有標註，機器透過尋找資料的特徵，自己進行分類，因此不需要事先以人力處理標籤，直接讓機器自行摸索與尋找資料的特徵與學習進行分類 (classification) 與分群 (clustering)。所謂分類是對未知訊息歸納為已知的資訊，例如把資料分到老師指定的幾個類別，貓與狗是屬於哺乳類，蛇和鱷魚是爬蟲類，分群則是資料中沒有明確的分類，而必須透過特徵值來做劃分。

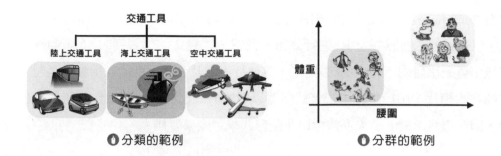

● 分類的範例　　　　　　　● 分群的範例

由於所訓練資料沒有標準答案，非監督式學習可以大幅減低繁瑣的人力標籤工作，訓練時讓機器自行摸索出資料的潛在規則，再根據這些被萃取出的特徵其關係，來將物件分類，並透過這些資料去訓練模型，這種方法不用人工進行分類，對人類來說最簡單，但對機器來說最辛苦，誤差也會比較大。

非監督式學習中讓機器從訓練資料中找出規則，大致會有兩種形式：分群（Clustering）以及生成（Generation）。分群能夠把數據根據距離或相似度分開，主要運用如聚類分析（Cluster analysis）。所謂聚類分析（Cluster analysis）是建構在統計學習的一種資料分析的技術，聚類就是將許多相似的物件透過一些分類的標準來將這些物件分成不同的類或簇，只要被分在同一組別的物件成員，就會有相似的一些屬性等。而生成則是能夠透過隨機數據，生成我們想要的圖片或資料，主要運用如生成式對抗網路（GAN）等。

> TIPS 生成式對抗網路（Generative Adversarial Network, GAN）是 2014 年蒙特婁大學博士生 Ian Goodfellow 提出，在 GAN 架構下，這裡面有兩個需要被訓練的模型（model）；生成模型（Generator Model）和判別模型（Discriminator Model），互相對抗激勵而越來越強訓練過程反覆進行，而且最後會收斂到一個平衡點，我們訓練出了一個能夠模擬真正資料分布的模型（model）。

例如我們使用非監督式學習辨識蘋果及柳丁，當所提供的訓練資料夠大時，機器會自行判斷提供的圖片裡有哪些特徵的是蘋果、哪些特徵的是柳丁並

同時進行分類，例如從質地、顏色（沒有柳丁是紅色的）、大小等，找出比較相似的資料聚集在一起，形成分群（Cluster）；例如把照片分成兩群，分得夠好的話，一群大部分是蘋果，一群大部分是柳丁。

　　下圖中相似程度較高的柳丁或蘋果會被歸納為同一分類，基本上從水果外觀或顏色來區分，相似性的依據是採用「距離」，相對距離愈近、相似程度越高，被歸類至同一群組。例如在下圖中也有一些邊界點（在柳丁區域的邊界有些較類似蘋果的圖片），這種情況下就要採用特定的標準來決定所屬的分群（Cluster）。因為非監督式學習沒有標籤（Label）來確認，而只是判斷特徵（Feature）來分群，機器在學習時並不知道其分類結果是否正確，導致需要以人工再自行調整，不然很可能會做出莫名其妙的結果。

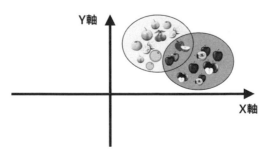

◆ 非監督式學習會根據元素的相似程度來分群

　　例如 K- 平均演算法（k-means clustering）是一種非監督式學習演算法，主要起源於訊號處理中的一種向量量化方法，屬於分群的方法，k 設定為分群的群數，目的就是把 n 個觀察樣本資料點劃分到 k 個聚類中，然後隨機將每個資料點設為距離最近的中心，使得每個點都屬於離他最近的均值所對應的聚類，然後重新計算每個分群的中心點，這個距離可以使用畢氏定理計算，接著拿這個標準作為是否為同一聚類的判斷原則，接著再用每個樣本的座標來計算每群樣本的新中心點，最後我們會將這些樣本劃分到離他們最接近的中心點。例如下圖海洋生物識別中圖形的左側窗口是未經聚類分析分群的原始資料，右側窗口則是未經聚類分析劃分的分群類別，下圖中經分群結果，可以找出四種類型的海洋生物：

🔹 原始未聚類分析資料

🔹 經聚類分析劃分後的分群類別

11-1-4　增強式學習演算法

增強式學習（Reinforcement learning）算是機器學習一個相當具有潛力的演算法，核心精神就是跟人類一樣，藉由不斷嘗試錯誤，從失敗與成功中，所得到回饋，再進入另一個的狀態，希望透過這些不斷嘗試錯誤與修正，也就是如何在環境給予的獎懲刺激下，一步步形成對於這些刺激的預期，強調的是透過環境而行動，並會隨時根據輸入的資料逐步修正，最終期望可以得到最佳的學習成果或超越人類的智慧。

電玩遊戲能讓人樂此不疲，就是具備某些回饋機制

簡單來說，例如我們在打電玩遊戲時，新手每達到一個進程或目標，就會給予一個正向反饋（Positive Reward），都能得到獎勵或往下一個關卡邁進，如果是卡關或被怪物擊敗，就會死亡，這就是負向反饋（Negative Reward），也就是增強學習的基本核心精神。增強式學習並不需要出現正確的「輸入/輸出」，可以透過每一次的錯誤來學習，是由代理人（Agent）、行動（Action）、狀態（State）/回饋（Reward）、環境（Environment）所組成，並藉由從使用過程取得回饋以學習行為模式。

透過錯誤學習與獎懲機制的成效評估來不斷提升自我能力的機器學習模式

資料數據輸入
(Input)

強化學習（Reinforcement learning）是以目標導向的「邊看邊學」的訓練模式

學習成果輸出
(Output)

增強式學習會隨時根據輸入的資料逐步修正

　　首先會先建立代理人（Agent），每次代理人所要採取的行動，會根據目前「環境」的「狀態」（State）執行「動作」（Action），然後得到環境給我們的回饋（Reward），接著下一步要執行的動作也會去改變與修正，這會使得「環境」又進入到一個新的「狀態」，透過與環境的互動從中學習，藉以提升代理人的決策能力，並評估每一個行動之後所到的回饋是正向的或負向來決定下一次行動。

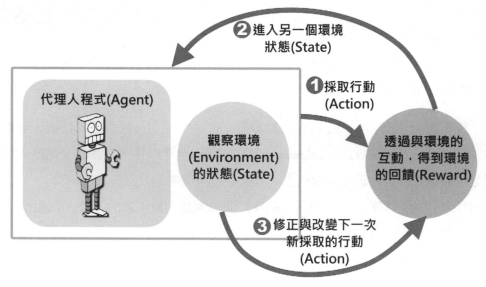

🔘 增加式學習的嘗試錯誤（try & error）的訓練流程示意圖

　　增強式學習強調如何基於環境而行動，然後基於環境的回饋（或稱作報酬或得分），根據回饋的好壞，機器自行逐步修正，以試圖極大化自己的的預期利益，達到分析和優化代理（agent）行為的目的，希望讓機器，或者稱為「代理人」（Agent），模仿人類的這一系列行為，最終得到正確的結果。

11-2 認識深度學習

隨著越來越強大的電腦運算功能，近年來更帶動炙手可熱的深度學習（Deep Learning）技術的研究，讓電腦開始學會自行思考，聽起來似乎是好萊塢科幻電影中常見的幻想，許多科學家開始採用模擬人類複雜神經架構來實現過去難以想像的目標，也就是讓電腦具備與人類相同的聽覺、視覺、理解與思考的能力。無庸置疑，人工智慧、機器學習以及深度學習已變成 21 世紀最熱門的科技話題。

◐ 深度學習源自於類神經網路

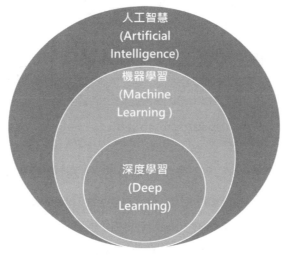

人工智慧
(Artificial Intelligence)

機器學習
(Machine Learning)

深度學習
(Deep Learning)

◐ 深度學習也屬於機器學習的一種

　　最為人津津樂道的深度學習應用，當屬 Google Deepmind 開發的 AI 圍棋程式 AlphaGo 接連大敗歐洲和南韓圍棋棋王。我們知道圍棋是中國抽象的對戰遊戲，其複雜度即使連西洋棋、象棋都遠遠不及，大部分人士都認為電腦至少還需要十年以上的時間才有可能精通圍棋。

🔵 AlphaGo 讓電腦自己學習下棋

圖片來源：https://case.ntu.edu.tw/blog/?p=26522

　　AlphaGo 就是透過深度學習學會圍棋對弈，設計上是先輸入大量的棋譜資料，棋譜內有對應的棋局問題與著手答案，以學習基本落子、規則、棋譜、策略，電腦內會以類似人類腦神經元的深度學習運算模型，引入大量的棋局問題與正確著手來自我學習，讓 AlphaGo 學習下圍棋的方法，根據實際對弈資料自我訓練，接著就能判斷棋盤上的各種狀況，並且不斷反覆跟自己比賽來調整，後來創下連勝 60 局的佳績，才讓人驚覺深度學習的威力確實強大。

11-2-1　類神經網路演算法

人腦的神經網路　　　　　電腦的神經網路

❶ 深度學習可以說是模仿大腦，具有多層次的機器學習法

圖片來源：https://research.sinica.edu.tw/deep-learning-2017-ai-month/

　　深度學習可以說是具有層次性的機器學習法，透過一層一層處理工作，可以將原先所輸入大量的資料漸漸轉化為有用的資訊，通常人們提到深度學習，指的就是「深度神經網路」（Deep Neural Network）演算法。這種類神經網架構就是模擬人類大腦神經網路架構，各個神經元以節點的方式連結各個節點，並產生欲計算的結果，這個架構蘊含三個最基本的層次，每一層各有為數不同的神經元組成，包含輸入層（Input layer）、隱藏層（Hidden layer）、輸出層（Output layer），各層說明如下：

■ **輸入層**：接受刺激的神經元，也就是接收資料並輸入訊息之一方，就像人類神經系統的樹突（接受器）一樣，不同輸入會激活不同的神經元，但不對輸入訊號（值）執行任何運算。

■ **隱藏層**：不參與輸入或輸出，隱藏於內部，負責運算的神經元，隱藏層的神經元通過不同方式轉換輸入數據，主要的功能是對所接收到的資料進行處理，再將所得到的資料傳遞到輸出層。隱藏層可以有一層以上或多個隱藏層，只要增加神經網路的複雜性，辨識率都隨著神經元數目的增加而成長，來獲得更好學習能力。

TIPS 神經網路如果是以隱藏層的多寡個數來分類，大概可以區分為「淺神經網路」與「深度神經網路」兩種類型，當隱藏層只有一層通常被稱為「淺神經網路」。當隱藏層有一層以上（或稱有複數層隱藏層）則被稱為「深度神經網路」，在相同數目的神經元時，深度神經網路的表現總是比較好。

■ **輸出層**：提供資料輸出的一方，接收來自最後一個隱藏層的輸入，輸出層的神經元數目等於每個輸入對應的輸出數，通過它我們可以得到合理範圍內的理想數值，挑選最適當的選項再輸出。

接下來將我們利用手寫數字辨識系統為例來簡單說明類神經網架構，首先我們要知道在電腦看來，這些圖片只是一群排成二維矩陣、帶有位置編號的像素，電腦其實並不如人類有視覺與能夠感知的大腦，而他們靠的兩項主要的數據就是：像素的座標與顏色值。

當我們在對影像作處理或是影像作辨識時，都需要從每個像素中去取得這張圖的特徵，除了考慮到每個像素的值之外，還需要考慮像素和像素之間的關聯。

為了幫助大家理解機器自我學習的流程，各位不妨想像「隱藏層」就是一種數學函數概念，主要就是負責數字識別的處理工作。在手寫數字中最後的輸出結果數字只有 0 到 9 共 10 種可能性，若要判斷手寫文字為 0~9 哪一個時，可以設定輸出曾有 10 個值，只要透過「隱藏層」中一層又一層函數處理，可以逐步計算出最後「輸出層」中 10 個人工神經元的像素灰度值（或稱明暗度），

其中每個小方格代表一個 8 位元像素所顯示的灰度值，範圍從 0 到 255，白色為 255，黑色為 0，共有 256 個不同層次深淺的灰色變化，然後再從其中選擇灰度值最接近 1 的數字，作為程式最終作出正確數字的辨識。如下圖所示：

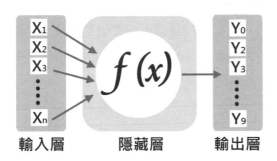

輸入層　　　　隱藏層　　　　輸出層

🔘 手寫數字辨識系統即使只有單一隱藏層，也能達到 97% 以上的準確率

　　第一步假設我們將手寫數字以長 28 像素、寬 28 像素來儲存代表該手寫數字在各像素點的灰度值，總共 28*28=784 像素，其中的每一個像素就如同是一個模擬的人工神經元，這個人工神經元儲存 0~1 之間的數值，該數值就稱為激活函數（Activation Function），激活值數值的大小代表該像素的明暗程度，數字越大代表該像素點的亮度越高，數字越小代表該像素點的亮度越低。舉例來說，如果一個手寫數字 7，將這個數字以 28*28=784 個像素值的示意圖如下。

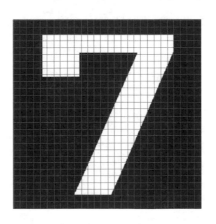

如果將每個點所儲存的像素明亮度分別轉換成一維矩陣，則可以分別表示成 X_1、X_2、X_3.....X_{784}，每一個人工神經元分別儲存 0~1 之間的數值代表該像素的明暗程度，不考慮中間隱藏層的實際計算過程，我們直接將隱藏層用函數去表示，下圖的輸出層中代表數字 7 的神經元的灰度值為 0.98，是所有 10 個輸出層神經元所記錄的灰度值亮度最高，最接近數值 1，因此可以辨識出這個手寫數字最有可能的答案是數字 7，而完成精準的手寫數字的辨識工作。手寫數字 7 的深度學習之示意圖如下：

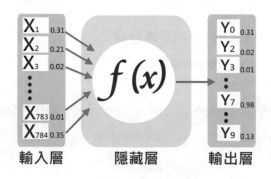

我們以前面的手寫數字辨識為例，這個神經網路包含三層神經元，除了輸入和輸出層外，中間有一層隱藏層主要負責資料的計算處理與傳遞工作，隱藏層則是隱藏於內部不會實際參與輸入與輸出工作，較簡單的模型為只有一層隱藏層，又被稱為淺神經網路，如下圖所示：

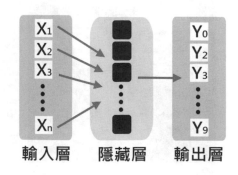

例如下圖就是一種包含 2 層隱藏層的深度神經網路示意圖，輸入層的資料輸入後，會經過第 1 層隱藏層的函數計算工作，並求得第 1 層隱藏層各神經元中所儲存的數值，接著再以此層的神經元資料為基礎，接著進行第 2 層隱藏層的函數計算工作，並求得第 2 層隱藏層各神經元中所儲存的數值，最後再以第 2 層隱藏層的神經元資料為基礎經過函數計算工作後，最後求得輸入層各神經元的數值。

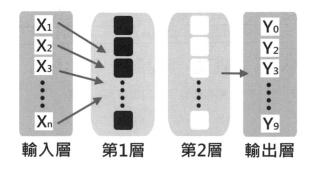

接下我們會使用到激活值（激活函數或活化函數），因為上層節點的輸出和下層節點的輸入之間具有一個函數關係，並把值壓縮到一個更小範圍，這個非線性函數稱為激活函數，透過這樣的非線性函數會讓神經網路更逼近結果。接下來我們以剛才舉的手寫數字 7 為例，將中間隱藏層的函數實際以 k 層隱藏層為例，當激活值數值為 0 代表亮度最低的黑色，數字為 1 代表亮度最高的白色，因此任何一個手寫數字都能以紀錄 784 個像素灰度值的方式來表示。有了這些「輸入層」資料，再結合演算法機動調整各「輸入層」的人工神經元與下一個「隱藏層」的人工神經元連線上的權重，來決定「第 1 層隱藏層」的人工神經元的灰度值。也就是說，每一層的人工神經元的灰度值必須由上一層的人工神經元的值與各連線間的權重來決定，再透過演算法的計算，來決定下一層各個人工神經元所儲存的灰度值。

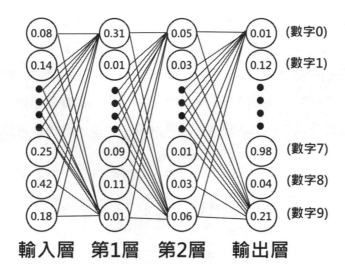

輸入層　第1層　第2層　輸出層

🔵 我們看到數字 7 的機率最高 0.98

　　為了方便問題的描述，「第 1 層隱藏層」的人工神經元的數值和上一層輸入層有高度關聯性，我們再利用「第 1 層隱藏層」的人工神經元儲存的灰度值及各連線上的權重去決定「第 2 層隱藏層」中人工神經元所儲存的灰度值，也就是說，「第 2 層隱藏層」的人工神經元的數值和上一層「第 1 個隱藏層」有高度關聯性。接著我們再利用「第 2 個隱藏層」的人工神經元儲存的灰度值及各連線上的權重去決定「輸出層」中人工神經元所儲存的灰度值。從輸出層來看，灰度值越高（數值越接近 1），代表亮度越高，越符合我們所預測的圖像。

11-2-2　卷積神經網路（CNN）演算法

　　卷積神經網路（Convolutional Neural Networks, CNN）是目前深度神經網路（deep neural network）領域的發展主力，也是最適合圖形辨識的神經網路，1989 年由 LeCun Yuan 等人提出的 CNN 架構，每當 CNN 分辨一張新圖片時，在不知道特徵的情況下，會先比對圖片裡的各個局部，這些局部被稱為特徵（feature），這些特徵會捕捉圖片中的共通要素，在這個過程中可以獲得各種特

徵量,藉由在相似的位置上比對大略特徵,然後擴大檢視所有範圍來分析所有特徵,以解決影像辨識的問題。

　　CNN 是一種非全連接的神經網路結構,這套機制背後的數學原理被稱為卷積(convolution),與傳統的多層次神經網路最大的差異在於多了卷積層(Convolution Layer)還有池化層(Pooling Layer)這兩層,因為有了這兩層讓 CNN 比起傳統的多層次神經網路更具備能夠掌握圖像或語音資料的細節,而不像其他神經網路只是單純的提取資料進行運算。在還沒開始實際解說卷積層(Convolution Layer)及池化層(Pooling Layer)的作用之前,我們先以下面的示意圖說明卷積神經網路(CNN)的運作原理:

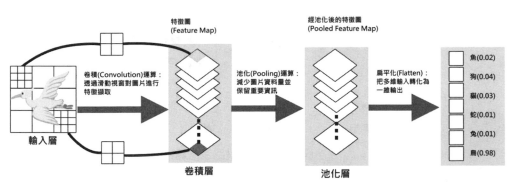

● 卷積神經網路(CNN)示意圖

　　上圖只是單層的卷積層的示意圖,在上圖中最後輸出層的一維陣列的數值,就足以作出這次圖片辨識結果的判斷。簡單來說,CNN 會比較兩張圖相似位置局部範圍的大略特徵,來作為分辨兩張圖片是否相同的依據,這樣會比直接比較兩張完整圖片來得容易判斷且快速。

　　卷積神經網路系統在訓練的過程中,會根據輸入的圖形,自動幫忙找出各種圖像包含的特徵,以辨識鳥類動物為例,卷積層的每一個平面都抽取了前一層某一個方面的特徵,只要再往下加幾層卷積層,我們就可以陸續找出圖片中

的各種特徵，這些特徵可能包括鳥的腳、嘴巴、鼻子、翅膀、羽毛…等，直到最後找個圖片整個輪廓了，就可以精準判斷所辨識的圖片是否為鳥？

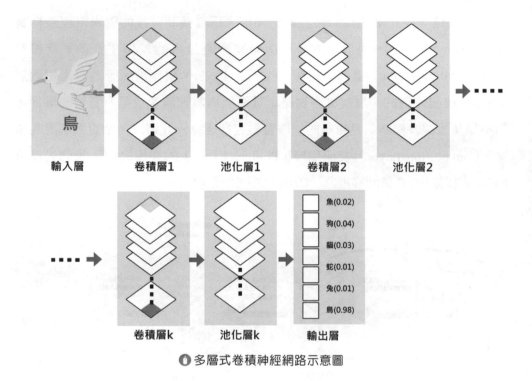

🔵 多層式卷積神經網路示意圖

卷積神經網路（CNN）演算法在辨識圖片的判斷精準程度甚至還超過人類想像及判斷能力。接著我們要對卷積層及池化層做更深入的說明。

卷積層（Convolution Layer）

CNN 的卷積層其實就是在對圖片做特徵擷取最重要的核心，不同的卷積動作就可以從圖片擷取出各種不同的特徵，找出最好的特徵最後再進行分類。我們可以根據每次卷積的值和位置，製作一個新的二維矩陣，也就是一張圖片裡的每個特徵都像一張更小的圖片，也就是更小的二維矩陣。這也就是利用特徵篩選過後的原圖，它可以告訴我們在原圖的哪些地方可以找到那樣的特徵。

CNN 運作原理是透過一些指定尺寸的視窗（sliding window），或稱為過濾器（filter）、卷積核（Kernel），目的就是幫助我們萃取出圖片當中的一些特徵，就像人類大腦在判斷圖片的某個區塊有什麼特色一樣。然後由上而下依序滑動取得圖像中各區塊特徵值，卷積運算就是將原始圖片的與特定的過濾器做矩陣內積運算，也就是與過濾器各點的相乘計算後得到特徵圖（feature map），就是將影像進行特徵萃取，目的是可以保留圖片中的空間結構，並從這樣的結構中萃取出特徵，並將所取得的特徵圖傳給下一層的池化層（pool layer）。

一張圖片的卷積運算其實很簡單，假設我們有張圖是英文字母 T，5*5 的像素圖，並轉換成對應的 RGB 值，其中數值 0 代表黑色，數值 255 代表白色，數字越小亮度越小，下圖分別為 T 字母的點陣圖示意圖：

0	0	0	0	0
255	255	0	255	255
255	255	0	255	255
255	255	0	255	255
255	255	0	255	255

此處我們設定過濾器（filter）為 2*2 矩陣，要計算特徵圖片和圖片局部的相符程度，只要將兩者各個像素上的值相乘即可。以下的步驟將開始對每個像素做卷積運算，下圖片中紅色框起來的部份會和過濾器（filter）進行點跟點相乘，最後再全部相加得到結果，這個步驟就是卷積運算。

STEP **1**

0 x1	0 x0	0	0	0
255 x1	255 x0	0	255	255
255	255	0	255	255
255	255	0	255	255
255	255	0	255	255

X

1	0
1	0

=

255	255	0	255
510	510	0	510
510	510	0	510
510	510	0	510

STEP **2**

0	0 x1	0 x0	0	0
255	255 x1	0 x0	255	255
255	255	0	255	255
255	255	0	255	255
255	255	0	255	255

X

1	0
1	0

=

255	255	0	255
510	510	0	510
510	510	0	510
510	510	0	510

STEP **3**

0	0	0 x1	0 x0	0
255	255	0 x1	255 x0	255
255	255	0	255	255
255	255	0	255	255
255	255	0	255	255

X

1	0
1	0

=

255	255	0	255
510	510	0	510
510	510	0	510
510	510	0	510

STEP **4**

0	0	0	0 ×1	0 ×0
255	255	0	255 ×1	255 ×0
255	255	0	255	255
255	255	0	255	255
255	255	0	255	255

X

1	0
1	0

=

255	255	0	255
510	510	0	510
510	510	0	510
510	510	0	510

STEP **5**

0	0	0	0	0
255 ×1	255 ×0	0	255	255
255 ×1	255 ×0	0	255	255
255	255	0	255	255
255	255	0	255	255

X

1	0
1	0

=

255	255	0	255
510	510	0	510
510	510	0	510
510	510	0	510

STEP **6**

0	0	0	0	0
255	255 ×1	0 ×0	255	255
255	255 ×1	0 ×0	255	255
255	255	0	255	255
255	255	0	255	255

X

1	0
1	0

=

255	255	0	255
510	510	0	510
510	510	0	510
510	510	0	510

STEP **7** 其他以此作法，各位可以分別得到經卷積運算所得到的結果，下圖則為最右下角（即最後一個步驟）求值的示意圖：

0	0	0	0	0
255	255	0	255	255
255	255	0	255	255
255	255	0	255_{x1}	255_{x0}
255	255	0	255_{x1}	255_{x0}

X

1	0
1	0

=

255	255	0	255
510	510	0	510
510	510	0	510
510	510	0	510

看完上面圖示步驟後，可能各位已經輕鬆看出圖片卷積怎麼運作的了，中間 2*2 的矩陣就是過濾器（Filter），整張圖的過濾器就是每個位置都會運算到，運算方式一般都是從左上角開始計算，然後橫向向右邊移動運算，到最右邊後再往下移一格，繼續向右邊移動運算，就是將 2*2 的矩陣在圖片上的像素一步一步移動（步數稱為 Stride 步數），如果我們把 stride 加大，那麼涵蓋的特徵會比較少，但速度較快，得出的特徵圖（feature map）更小，在每個位置的時候，計算兩個矩陣相對元素的乘積並相加，輸出一個值然後放在一個矩陣（右邊的矩陣），請注意！ CNN 訓練的過程就是不斷地在改變過濾器來凸顯這個輸入圖像上的特徵，而且每一層卷積層的 filter 也不會只有一個，這就是基本的卷積運算過程。

🔷 池化層（Pooling Layer）

池化層目的只是在盡量將圖片資料量減少並保留重要資訊的方法，功用是將一張或一些圖片池化成更小的圖片，不但不會影響到我們的目的，還可以再一次減少神經網路的參數運算。圖片的大小可以藉著池化過程變得很小，池化後的資訊更專注於圖片中是否存在相符的特徵，而非圖片中哪裡存在這些特徵，有很好的抗雜訊功能。原圖經過池化以後，其所包含的像素數量會降低，

還是保留了每個範圍和各個特徵的相符程度，例如把原本的資料做一個最大化或是平均化的降維計算，所得的資訊更專注於圖片中是否存在相符的特徵，而不必分心於這些特徵所在的位置。

此外，池化層也有過濾器，也是在輸入圖像上進行滑動運算，但和卷積層不同的地方是滑動方式不會互相覆蓋，除了最大化池化法外，也可以做平均池化法（取最大部份改成取平均）、最小化池化法（取最大部份改成取最小化）等，下例將以一個 2*2 的池化法（pooling）當作例子，所以整個圖片做池化的方式如下圖。原本 4*4 的圖片因為我取 2*2 的池化，所以會變成 2*2，下圖分別秀出 Max Pool、Min Pool 及 Mean Pool 的最後輸出結果：

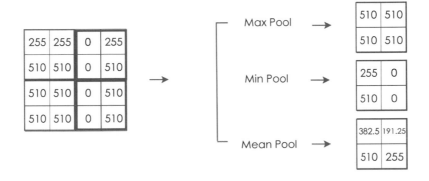

如果以像素呈現的點陣圖，其外觀示意圖如下：

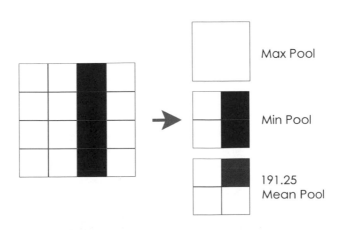

11-2-3 遞迴神經網路（RNN）演算法

遞迴神經網路（Recurrent Neural Network, RNN）是一種有「記憶」的神經網路，會將每一次輸入所產生狀態暫時儲存在記憶體空間，而這些暫存的結果被稱為隱藏狀態（hidden state），RNN 將狀態在自身網路中循環傳遞，允許先前的輸出結果影響後續的輸入，一般有前後關係較重視時間序列的資料，如果要進行類神經網路分析，會使用遞迴神經網路（RNN）進行分析，因此像動態影像、文章分析、自然語言、聊天機器人這種具備時間序列的資料，就非常適合遞迴神經網路（RNN）來實作。

例如我們要搭乘由南部的第一站左營站的高鐵到北部最後一站的南港站，各站到達時間的先後順序為左營、台南、嘉義、雲林、彰化、台中、苗栗、新竹、桃園、板橋、台北、南港等站，如果想要推斷下一站會停靠哪一站，只要記得上一站停靠的站名，就可以輕易判斷出下一站的站名，同樣地，也能清楚判斷出下下一站的停靠點，這種例子就是一種有時間序列前後關聯性的例子。

🔵 高鐵的站名間有時間序列關係

遞迴神經網路比起傳統的神經網路的最大差別在於記憶功能與前後時間序列的關聯性，在每一個時間點取得輸入的資料時，除了要考慮目前時間序列要輸入的資料外，也會一併考慮前一個時間序列所暫存的隱藏資訊。如果以生活實例來類比遞迴神經網路（CNN），記憶是人腦對過去經驗的綜合反應，這些反應會在大腦中留下痕跡，並在一定條件下呈現出來，不斷地將過往資訊往下傳遞，是在時間結構上存在共享特性，所以我們可以用過往的記憶（資料）來預測或了解現在的現象。

從人類語言學習的角度來看，當我們在理解一件事情時，絕對不會憑空想像或從無到有重新學習，就如同我們在閱讀文章，必須透過上下文來理解文章，這種具備背景知識的記憶與前後順序的時間序列的遞迴（recurrent）概念，就是遞迴神經網路與其他神經網路模型較不一樣的特色。

接著我們打算用一個生活化的例子來簡單說

○ 遞迴神經網路解決課表問題

明遞迴神經網路，許多家長望子成龍，小明家長會希望在小明週一到週五下課之後晚上固定去補習班上課，課程安排如下：

- 週一上作文課
- 週二上英文課
- 週三上數學課
- 週四上跆拳道
- 週五上才藝班

就是每週從星期一到星期五不斷地循環。如果前一天上英文課，今天就是上數學課；如果前一天上才藝班，今天就會作文課，非常有規律。

今天晚上什麼課 ？

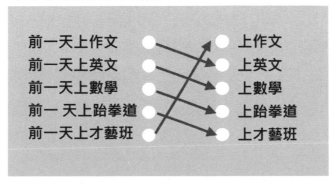

　　萬一前一次小明生病上課請假，那是不是就沒辦法推測今天晚上會上什麼課？但事實上，還是可以的，因為我們可以從前二天上的課程，預測昨天晚上是上什麼課。所以，我們不只能利用昨天上什麼課來預測今天準備上的課程，還能利用昨天的預測課程，來預測今天所要上的課程。另外，如果我們把「作文課、英文課、數學課、跆拳道、才藝班」改為用向量的方式來表示。比如說我們可以將「今天會上什麼課？」的預測改為用數學向量的方式來表示。假設我們預測今天晚上會上數學課，則將數學課記為 1，其他四種課程內容都記為 0。

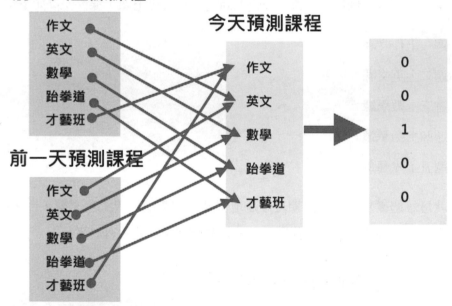

　　此外，我們也希望將「今天預測課程」回收，用來預測明天會上什麼課程？下圖中的藍色箭頭的粗曲線，表示了今天上什麼課程的預測結果將會在明天被重新利用。

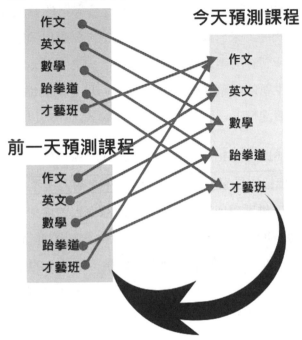

如果將這種規則性不斷往前延伸，即使連續 10 天請假出國玩都沒有上課，透過觀察更早時間的上課課程規律，我們還是可以準確地預測今天晚上要上什麼課？而此時的遞迴神經網路示意圖，參考如下：

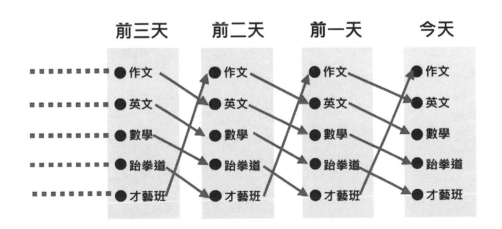

由上面的例子說明，我們得知有關 RNN 的運作方式可以從以下的示意圖看出，第 1 次『時間序列』（Time Series）來自輸入層的輸入為 x_1，產生輸出結果 y_1；第 2 次時間序列來自輸入層的輸入為 x_2，要產出輸出結果 y_2 時，必須考慮到前一次輸入所暫存的隱藏狀態 h_1，再與這一次輸入 x_2 一併考慮成為新的輸入，而這次會產生新的隱藏狀態 h_2 也會被暫時儲存到記憶體空間，再輸出 y_2 的結果；接著再繼續進行下一個時間序列 x_3 的輸入，⋯⋯以此類推。

如果以通式來加以說明 RNN 的運作方式，就是第 t 次時間序列來自輸入層的輸入為 x_t，要產出輸出結果 y_t 必須考慮到前一次輸入所產生的隱藏狀態 h_{t-1}，並與這一次輸入 x_t 一併考慮成為新的輸入，而該次也會產生新的隱藏狀態 h_t 並暫時儲存到記憶體空間，再輸出 y_t 的結果，接著再接續進行下一個時間序 x_{t+1} 的輸入，⋯⋯以此類推。綜合歸納遞迴神經網路（RNN）的主要重點，RNN 的記憶方式在考慮新的一次的輸入時，會將上一次的輸出記錄的隱藏狀態連同這一次的輸入當作這一次的輸入，也就是說，每一次新的輸入都會將前面發生過的事一併納入考量。

下面的示意圖就是 RNN 記憶方式，及 RNN 根據時間序列展開後的過程說明。

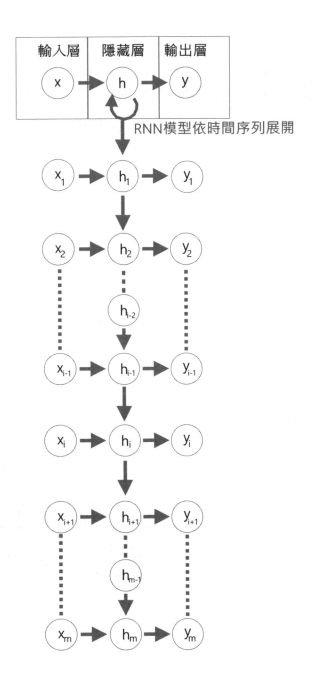

遞迴神經網路強大的地方在於它允許輸入與輸出的資料不只是單一組向量，
而是多組向量組成的序列，另外 RNN 也具備有更快訓練和使用更少計算資源

的優勢。就以應用在自然語言中文章分析為例，通常語言要考慮前言後語，為了避免斷章取義，要建立語言的相關模型，如果能額外考慮上下文的關係，準確率就會顯著提高。也就是說，當前「輸出結果」不只受上一層輸入的影響，也受到同一層前一個「輸出結果」的影響（即前文）。例如下面這兩個句子：

- 我「不在意」時間成本，所以我選擇搭乘「火車」從高雄到台北的交通工具。

- 我「很在意」時間成本，所以我選擇搭乘「高鐵」從高雄到台北的交通工具。

在分析「我選擇搭乘」的下一個詞時，若不考慮上下文，「火車」、「高鐵」的機率是相等的，但是如果考慮「我很在意時間成本」，選「高鐵」的機率應該就會大於選「火車」。反之，但是如果考慮「我不在意時間成本」，選「火車」的機率應該就會大於選「高鐵」。

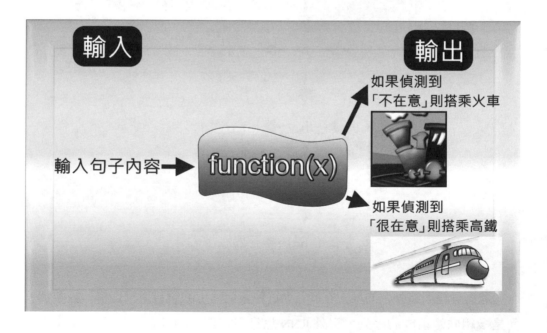

想一想，怎麼做？

1. 請簡述機器學習（Machine Learning）。

2. 機器學習主要分成哪四種學習方式？

3. 請簡介監督式學習（Supervised learning）。

4. 請簡介半監督式學習（Semi-supervised learning）。

5. 非監督式學習讓機器從訓練資料中找出規則，請問有哪兩種形式？

6. 類神經網路架構有哪三層？

7. 請問卷積神經網路（Convolutional Neural Networks, CNN）的特點為何？

8. 請簡述卷積層（Convolution Layer）的功用。

9. 請簡介遞迴神經網路（Recurrent Neural Network, RNN）。

MEMO

讀者回函

讀者回函

GIVE US A PIECE OF YOUR MIND

感謝您購買本公司出版的書，您的意見對我們非常重要！由於您寶貴的建議，我們才得以不斷地推陳出新，繼續出版更實用、精緻的圖書。因此，請填妥下列資料(也可直接貼上名片)，寄回本公司(免貼郵票)，您將不定期收到最新的圖書資料！

購買書號： _____ **書名：** _____

姓　　名：_____

職　　業：□上班族　　□教師　　□學生　　□工程師　　□其它

學　　歷：□研究所　　□大學　　□專科　　□高中職　　□其它

年　　齡：□10~20　　□20~30　　□30~40　　□40~50　　□50~

單　　位：_____　部門科系：_____

職　　稱：_____　聯絡電話：_____

電子郵件：_____

通訊住址：□□□ _____

_____

您從何處購買此書：

□書局 _____　□電腦店 _____　□展覽 _____　□其他 _____

您覺得本書的品質：

內容方面：　□很好　　　□好　　　　□尚可　　　□差

排版方面：　□很好　　　□好　　　　□尚可　　　□差

印刷方面：　□很好　　　□好　　　　□尚可　　　□差

紙張方面：　□很好　　　□好　　　　□尚可　　　□差

您最喜歡本書的地方：_____

您最不喜歡本書的地方：_____

假如請您對本書評分，您會給(0~100分)：_____ 分

您最希望我們出版那些電腦書籍：

請將您對本書的意見告訴我們：

您有寫作的點子嗎？□無　　□有　　專長領域：_____

博碩文化網站　　http://www.drmaster.com.tw

歡迎您加入博碩文化的行列哦！

✂ 請沿虛線剪下寄回本公司

Give Us a Piece Of Your Mind

廣　告　回　函
台灣北區郵政管理局登記證
北台字第４６４７號
印刷品・免貼郵票

221

博碩文化股份有限公司　產品部

新北市汐止區新台五路一段112號10樓A棟

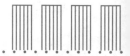

如何購買博碩書籍

全 省書局

請至全省各大書局、連鎖書店、電腦書專賣店直接選購。

（書店地圖可至博碩文化網站查詢，若遇書店架上缺書，可向書店申請代訂）

信 用卡及劃撥訂單（優惠折扣85折，未滿1,000元請加運費80元）

請於劃撥單備註欄註明欲購之書名、數量、金額、運費，劃撥至

帳號：17484299　戶名：博碩文化股份有限公司，並將收據及

訂購人連絡方式傳真至(02)26962867。

線 上訂購

請連線至「博碩文化網站 http://www.drmaster.com.tw」，於網站上查詢

優惠折扣訊息並訂購即可。

信用卡 CREDIT CARD
專用訂購單

※優惠折扣請上博碩網站查詢，或電洽 （02）2696-2869#307
※請填妥此訂單傳真至（02）2696-2867或直接利用背面回郵直接投遞。謝謝！

一、訂購資料

	書號	書名	數量	單價	小計
1					
2					
3					
4					
5					
6					
7					
8					
9					
10					
			總計 NT$		

總　計：NT＄_____ X 0.85 ＝折扣金額 NT$ _____

折扣後金額：NT＄_____ + 掛號費：NT＄_____

＝總支付金額 NT＄ _____　※各項金額若有小數，請四捨五入計算。

「掛號費 80 元，外島縣市 100元」

二、基本資料

收 件 人：_____　生日：_____ 年 ____ 月_____日

電　　話：（住家）_____　（公司）_____ 分機_____

收件地址：☐ ☐ ☐ _____

發票資料：☐ 個人（二聯式）　☐ 公司抬頭/統一編號：_____

信用卡別：☐ MASTER CARD　☐ VISA CARD　☐ JCB卡　☐ 聯合信用卡

信用卡號：☐☐☐☐ ☐☐☐☐ ☐☐☐☐ ☐☐☐☐

身份證號：☐☐☐☐☐☐☐☐☐☐

有效期間：_____ 年 _____月止 （總支付金額）

訂購金額：_____元整

訂購日期：_____ 年 ____ 月_____日

持卡人簽名：_____　（與信用卡簽名同字樣）

- - - 黏 貼 處 - - -

博碩文化網址
http://www.drmaster.com.tw

廣　告　回　函
台灣北區郵政管理局登記證
北台字第 4 6 4 7 號
印 刷 品・免 貼 郵 票

221

博碩文化股份有限公司　業務部

新北市汐止區新台五路一段 112 號 10 樓 A 棟

如何購買博碩書籍

全省書局

請至全省各大書局、連鎖書店、電腦書專賣店直接選購。

（書店地圖可至博碩文化網站查詢，若遇書店架上缺書，可向書店申請代訂）

信用卡及劃撥訂單（優惠折扣 85 折，未滿 1,000 元請加運費 80 元）

請於劃撥單備註欄註明欲購之書名、數量、金額、運費，劃撥至

帳號：17484299　戶名：博碩文化股份有限公司，並將收據及

訂購人連絡方式傳真至 (02) 26962867。

線上訂購

請連線至「博碩文化網站 http://www.drmaster.com.tw」，於網站上查詢

優惠折扣訊息並訂購即可。

DrMaster

深度學習資訊新領域

http://www.drmaster.com.tw

博碩文化

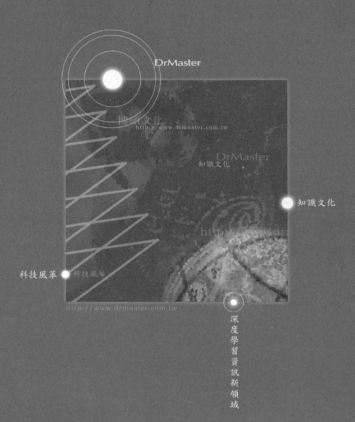

DrMaster

博碩文化
http://www.drmaster.com.tw

DrMaster
知識文化

知識文化

科技風華　科技風華

http://www.drmaster.com.tw

深度學習資訊新領域